国家自然科学基金重点项目（51438005）研究成果

严寒地区城市微气候设计论丛

基于微气候效应的
寒地城市公园规划设计研究

赵晓龙　卞　晴　赵冬琪　周　烨　著

U0296537

科 学 出 版 社

北 京

内 容 简 介

北方高纬度寒冷地区拥有漫长而寒冷的冬季，地域气候特征对城市公园的规划设计提出了挑战，营造宜人的城市公园微气候环境，让市民享受到高品质户外公共生活，成为风景园林设计师面临的现实课题。本书采用实地测量法获取了寒地城市公园景观特征与微气候的相关数据，利用数理统计分析模型与微气候模拟分析模型，阐释景观空间特征与微气候效应的关联机理。同时，结合国内外优秀案例，解析寒地城市公园规划设计的气候适应性的策略与方法。本书旨在从微气候调控的视角，从理论研究与实践应用两个方面拓展寒地公园规划设计的思路。

本书适合风景园林、城乡规划、建筑学专业的本科生、研究生以及相关从业人员阅读参考。

图书在版编目（CIP）数据

基于微气候效应的寒地城市公园规划设计研究 / 赵晓龙等著.—北京：
科学出版社，2019.12
（严寒地区城市微气候设计论丛）
ISBN 978-7-03-063459-7

Ⅰ. ①基… Ⅱ. ①赵… Ⅲ. ①寒冷地区-公园-园林设计-研究
Ⅳ. ①TU986.2

中国版本图书馆CIP数据核字（2019）第264816号

责任编辑：梁广平 / 责任校对：郑金红
责任印制：吴兆东 / 封面设计：楠竹文化

科 学 出 版 社 出版

北京东黄城根北街16号
邮政编码：100717
http://www.sciencep.com

北京捷迅佳彩印刷有限公司 印刷
科学出版社发行 各地新华书店经销

*

2019年12月第 一 版 开本：787×1092 1/16
2019年12月第一次印刷 印张：10 1/2
字数：230 000

定价：88.00元
（如有印装质量问题，我社负责调换）

"严寒地区城市微气候设计论丛"序

　　伴随着城市化进程的推进，人居环境的改变与恶化已成为严寒地区城市建设发展中的突出问题，对城市居民的生活质量、身心健康都造成很大影响。近年来，严寒地区气候变化异常，冬季极寒气候与夏季高热天气以及雾霾天气等频发，并引发建筑能耗持续增长。恶劣的气候条件对我国严寒地区城市建设提出了严峻的挑战。因此，亟待针对严寒地区气候的特殊性，展开改善城市微气候环境的相关研究，以指导严寒地区城市规划、景观与建筑设计，为建设宜居城市提供理论基础和科学依据。

　　在改善城市微气候方面，世界各国针对本国的气候特点、城市特征与环境条件进行了大量研究，取得了较多的创新成果。在我国，相关研究主要集中于夏热冬暖地区、夏热冬冷地区和寒冷地区，而针对严寒地区城市微气候的研究还不多。我国幅员辽阔，南北气候相差悬殊，已有的研究成果不能直接用于指导严寒地区的城市建设，因此需针对严寒地区的气候特点与城市特征进行系统研究。

　　本丛书基于国家自然科学基金重点项目"严寒地区城市微气候调节原理与设计方法研究（51438005）"的部分研究成果，利用长期观测与现场实测、人体舒适性问卷调查与实验、风洞实验、包括CFD与冠层模式在内的数值模拟等技术手段，针对严寒地区气候特征与城市特点，详细介绍城市住区及其公共空间、城市公共服务区、城市公园等区域的微气候调节方法与优化设计策略，并给出严寒地区城市区域气候与风环境预测评价方法。希望本丛书可为严寒城市规划、建筑及景观设计提供理论基础与科学依据，从而为改善严寒地区城市微气候、建设宜居城市做出一定的贡献。

丛书编委会

2019年夏

前　言

北方高纬度地区拥有漫长而寒冷的冬季，每年从11月到次年的3~4月都会面临严寒、冰雪、冷风的侵袭，地域气候对城市公园的冬季使用提出了挑战。如何营造出宜人的城市公园微气候环境，让市民享受到高品质户外公共生活，成为风景园林设计师面临的现实课题。

本书结合城市公园的公共休闲活动空间、路径空间与景观空间，采用实地测量法，获取了景观空间特征与微气候的数据；利用数理统计分析模型与微气候模拟分析模型，阐释景观空间特征与微气候效应的关联机理；结合国内外优秀案例，从公园选址、空间形态、功能布局、景观要素配置、材料与色彩、建筑物与构筑物等几个方面，解析寒地城市公园规划设计的气候适应性策略与方法。

首先，通过梳理总结寒地气候特征成因、城市公园空间与景观要素构成、典型景观要素的微气候调节效应及机理，说明景观要素对城市公园微气候具有显著影响，并在局地气候条件改善方面起到关键作用。

然后，通过环境行为学相关理论认知，寒地城市公园承载的休闲活动共同具有必要性、自发性及社会性等特征，活动的发生是物理环境、生理调节与心理活动共同作用的结果。其中，物理环境作为基本环境要素，对人在行为活动时产生的生理及心理活动以及行为模式上均起到决定性作用。总结归纳本书实证研究的技术路线及研究方法，为寒地城市公园气候适应性设计策略的提出提供准确性与适用性的科学依据支撑。

接着，结合面状休闲体力活动空间，探寻休闲体力活动、局地微气候与植被群落微气候调节三者适应性的联动机制；结合现状路径空间，利用SPSS对山体坡度、水体方位、植被高度等景观特征与微气候因子，进行差异显著性分析与相关性分析，探讨景观要素的不同空间布局产生的微气候差异；利用模拟分析法，探讨植物群落高宽变化、冠线高低变化等结构形态特征的微气候调节机理。

最后，结合国内外优秀案例，从公园选址、空间形态、功能布局、景观要素配置、材料与色彩、建筑物与构筑物等几个方面，解析寒地城市公园规划设计的气候适应性策略与方法。

本书从微气候的视角，从理论研究与实践应用两个方面拓展了寒地公园规划设计的思路，旨在营造宜人的寒地城市公园微气候环境，鼓励居民积极参与公园的户外活动，提升寒地城市公园的利用率。

目　　录

第1章　寒地城市气候特征与景观要素的微气候调节

寒冷地区冬季漫长且伴随低温、风暴，冬季气候条件对城市环境宜居性的影响成为寒地城市不能回避的且亟待解决的重要问题。本章在充分尊重气候环境背景下，深入分析寒地城市气候特征及其成因，同时，梳理总结城市景观要素的微气候调节机理与效应强度，旨在以适应宏观地域气候为目标，通过运用城市景观要素的气候适应性调节效能，克服由于气候条件的不利因素给城市发展以及城市居民室外活动带来的制约，为提出充分反映寒地气候特点与营造舒适城市空间环境的景观规划设计策略提供指导。

1.1　寒地城市气候特征

中国在寒冷气候条件下的国土面积广阔，其中黑龙江、吉林、辽宁大部分地区及内蒙古自治区的东北部地区属于典型的寒冷地区，这些地区内的城市都是较为典型的寒地城市，其共同特点是拥有四季分明的大陆性气候和漫长而寒冷的冬季，地域气候特征对生产生活各个方面都产生不可低估的影响，更对人居环境规划建设以及城市居民生活质量提出了严峻的挑战。充分考虑气候环境特点，深入分析和研究寒地城市空间的气候适应性设计，是促进严寒地区城市人居环境可持续发展的重要手段，对改善寒地城市空间环境质量和提升城市环境的宜居性具有重要意义[1]。

1.1.1　寒地气候特征

寒地是一个比较笼统的概念，不同的国家对这类地域的叫法不同，具体的定义也不同。按地理学划分方法，纬度40°~60°的地区为温带，60°以上为寒带。但地理纬度并非影响地区气候的唯一因素，由于海陆形态、湾流等因素的影响，同纬度地区的气候特征可能存在很大差异[2]。

1980 年出版的《寒地城市读本》对寒地城市进行了这样的界定："寒地城市是指1月份的平均气温为0℃或者更低的城市"。六年后，专家学者在加拿大埃德蒙顿国际寒地城市论坛上对原有界定增加了"位于高于纬度45°地区的城市"的表述。刘德明教授进一步提出以"一年中日平均气温在0℃以下的时间连续为三个月以上"作为寒地的标准。冷红教授认为这一标准"能够真实地反映寒地城市的低温、冰雪、冬季持续时间长等特点。"她认为，按照《建筑气候区划标准》（GB 50178—93）划分，Ⅰ区的大部分城市、Ⅱ区、Ⅵ区、Ⅶ区的地区都属于寒地范畴。

本书定义的寒冷地区是指夏季凉爽舒适、冬季（11月至次年3月）平均温度低于0℃的地区，主要分布在高纬度区域（纬度40°以上）。据统计，全球至少有30个国家分布在地球北半部，超过6亿人口有着在严寒气候中生活的经验。由气候特征来看，在全球范围内，寒地主要集中于北半球高纬度地区。主要分布于加拿大、美国、俄罗斯、北欧的斯堪的纳维亚半岛、冰岛、瑞士、格陵兰岛、中国、日本以及阿富汗等北半球高纬度国家和地区。由于地理位置特殊、自然条件严峻，这些地区的城市一年中很长时间都伴随着寒冷、风雪、冰霜等严酷的气候特征。

1.1.2 寒地气候成因

气候与地域总是联系在一起，地理环境的复杂性决定了气候因素的多样性。不同纬度、不同下垫面性质以及地形、洋流等因素与太阳辐射、大气环流相互作用，共同形成了千差万别的气候类型[3]。

以典型寒地城市哈尔滨为例，哈尔滨位处北纬44°04′～46°40′，东经125°41′～130°13′，位于亚欧大陆东部的中高纬度，地处中国东北北部地区、黑龙江省南部地区。东面有太平洋，西南面有世界上最高的高原青藏高原，海陆热力差异是形成冬夏风向季节性更替的中温带大陆性季风气候的决定性因素。

夏季受热带海洋气团影响，周期短暂而炎热多雨。春、秋两季，由于受冬、夏季风交替影响，气候多变，过渡季节周期较短，致使春季多大风天气，降水少易干旱；秋季降温剧烈，常有霜冻危害。冬季风由于来自高纬度内陆，受极地大陆气团控制以及来自西伯利亚的干冷气流，致使严寒干燥、寒潮频繁、冬季漫长，形成典型寒地城市气候。同时，季风气候产生明显的季节风，盛行风向交替变更。冬季盛行偏西或偏北风，夏季盛行偏南或东南风。春、秋季较短，偏南、偏北风交替变更。受季风辐合带季风环流系统影响，冬季风强于夏季风，且冬季风较早于夏季风的来临。冬夏季风交替时，夏季风由南向北逐步发展，至此形成显著的大陆性季风气候特征。

1.1.3 哈尔滨气候特征

冬冷夏热、雨热同季、四季分明是哈尔滨处于温带大陆性季风气候背景下最显著的气候特征。太阳高度角、海陆环流等因素的影响使得其气候因子存在显著的季相性差异，其中冬夏两季温差最大可达41.7℃。据气象资料统计显示（表1-1），温度方面，11月至次年3月冬季平均温度均在0℃之下，平均最低温度出现在1月，温度低至−24.6℃[4]；平均最高温度出现在6～8月，为哈尔滨短暂而炎热的夏季时段。同时，由于随着城市热岛效应显著增强，导致夏季极端高温天气频发，其极端最高温度出现在

7月最高可达36.7℃。春秋季节呈现出气温变化较大且持续时间短的特征，平均温度在7.1~14.5℃之间，属过渡季节。相对湿度方面，以夏季7~9月平均湿度最高，可高达78%。冬季由于降雪的缘故，相对湿度并非全年最低，可达68%。平均空气湿度最低的月份出现在4~5月，由于植被处于生长期，增湿作用较弱，风速加快蒸散致使平均湿度仅为56%。风速方面，呈现出显著的多风且风速较大的气象特征[5]。其中以4~5月平均风速最高，可达4.7m/s。平均风速最低的时段为8月，风速可达3.0m/s。日照时数方面，夏季日照时数明显长于秋冬季，5月平均日照时数最高可达264h，随后日照时数逐渐下降，于12月降至最低，仅为140h，寒地城市气候特征显著。

表1-1　1970—2010年哈尔滨气候平均数据

指标	1月	2月	3月	4月	5月	6月	7月	8月	9月	10月	11月	12月
平均温度/℃	−18.3	−13.6	−3.4	7.1	14.7	20.4	23.2	21.1	14.5	5.6	−5.3	−14.8
平均最高温度/℃	−12.5	−7.2	2.3	13.7	21.3	26.1	27.9	26.3	20.7	11.7	−0.1	−9.4
极端最高温度/℃	2.2	9.9	20.7	29.4	34.6	36.7	36.5	35.6	31.0	26.5	17.2	8.5
平均最低温度/℃	−24.6	−19.8	−9.7	0.4	7.9	14.5	18.3	16.2	8.7	0.1	−10.1	−19.8
极端最低温度/℃	−37.7	−33.7	−26.9	−12.8	−8.8	4.6	9.5	6.6	−4.8	−15	−26.5	−35.6
平均相对湿度/%	60	68	56	49	51	65	77	78	70	63	65	63
平均风速/（m·s⁻¹）	3.1	3.2	4.0	4.7	4.5	3.6	3.3	3.0	3.3	3.7	3.8	3.2
日照时数/h	155	179	230	231	264	260	254	247	230	207	170	140

1.2　城市公园空间及景观要素构成

城市公园空间是城市公共空间的重要组成部分，从空间体的角度来看，城市公园空间具有一种特殊性，这种特殊性不仅体现在构成要素方面，其功能性特征与其他类型空间也存在着一定的差异性。首先，城市公园空间是指由地形、植被、山石、建筑、水体等景观元素所组成并具有一定范围的公共空间，仅指那些以自然景观为主要特征的开放空间，不包括街道、停车场等一些非绿色性功能空间。其次，公园开放空间的功能性特点也较为丰富，主要包括以下几个方面：①为市民提供公共休闲场所；②保护、改善人们居住的生态环境；③保护历史古迹和文物遗产；④具有防灾、避险的功能；⑤限制城市无秩序的蔓延；⑥衍生城市文化、宣扬城市特色[6]。

随着社会的多样化发展，在生态文明和城市有机更新的大格局以及以人为本思潮的影响下，城市公园的内涵也发生着变化。新时期的城市公园不再仅作为城市居民游憩的主要场所，还作为改善城市生态与气候环境、提升人居环境品质、促进城市发展活力的场所。城市公园是城市绿地游憩、防护、生态功能集中体现的重要组成部分。

1.2.1　空间构成

城市公园空间的主要构成可分为活动空间、路径空间与景观空间三类。

活动空间是城市公园中成面域的节点活动空间，为城市居民提供了休闲游憩的场地，也是体验城市精神与文化的主要场所。

根据公园道路的特点与使用者的活动方式，城市公园路径空间可划分为混合性路径空间，即可承载步行、跑步与骑行的路径空间，以及纯步行路径空间。

景观空间是一种相对建筑物的外部存在，指人目距范围内各种植物、水体、地貌、建筑、山石、道路等各园林景观单体组成的立体空间，具体表现为植物（草坪、树木）空间、道路空间、园林建筑空间、水体空间等。景观空间的设计目的在于为人民提供一个休闲、锻炼、欣赏、游玩等多种功能于一体的舒适而美好的外部场所。

1.2.2　景观要素构成

风景园林设计师通常利用各种自然景观设计要素来营造意趣盎然的城市公园，以满足城市居民日益提升的生活需求，植被、水体与地形在城市公园景观规划中占据重要地位。

1.植被

植物是城市公园中重要的一类景观构成，也是公园空间中唯一能够展现生命特征的要素。在城市园林中，植物主要有三个方面的效用：景观生态效益、视觉质量效益和服务功能。景观生态效益主要体现的是植物的稳定性、多样性、乡土性以及空间的异质性对生态环境的变化具有一定的影响。视觉质量效益是指植物的形态、绿视率、色彩和层次的丰富度对游客视觉效果的影响。调查表明，多样化的植物种类和合理的植物配置能够创造出富有层次感的景观效果，更加受到公园使用者的喜爱。服务性功能主要是指植物景观具有一定的标志性效果，能够引导游客视线，同时也可以形成可停留或者可达的环境条件，除此之外，还具备对外界的抗干扰能力。因此，合理的植物配置对于有效促进使用者在公园空间中进行积极的活动具有很大的意义[6]。

2.水体

水体是城市公园生态环境中的重要组成部分，具有一定的生态、美学和实用功能价值。城市公园空间中，各种跌水景观、亲水平台、喷泉等能够增加使用者空间体验的丰富性，形成有活力的空间场所。

3.地形

地形是环境空间的物质载体，植物、水体、园路、小品、建筑及构筑物等所有的景观要素都依照地形而存在。从地形的空间范围来看，主要包括"微地形"、"小地形"

和"大地形"三种类型。因"微地形"和"小地形"具有较好的视觉体现和功能特征，城市公园景观空间的地形变化常以其为主。按照形状进行分类，公园中的地形主要包括平坦地形、凸地形、凹地形，不同的地形形态会形成不同的景观效果，给人带来不同的视觉感受。

在城市公园中，利用地形变化不仅可以创作出丰富的地形地貌形态，对组织空间、引导游人视线、把握空间尺度也具有重要的作用。组织空间是指利用地势高差形成不同尺度的亚空间环境，使园林空间更具有多样化的特征，进而满足不同使用者活动需求，从而提高空间活力。视觉方面，主要是利用地形变化创造出丰富的、渐进的景观空间序列，引人入胜，这对于增加使用者场所体验感具有重要的作用[6]。

1.3　典型景观要素的微气候调节效应与机制

植物、水体与地形是城市公园景观要素的重要组成部分，同时也具有显著的微气候调节效能。它们共同形成的城市"绿色"和"蓝色"下垫面，是基于地域气候条件的气候适应性城市设计中最值得研究关注与运用的内容。因此，积极探索城市典型景观要素的微气候调节机制，最大限度发挥其气候调节效应，在改善寒地城市公园局地气候方面非常关键。

1.3.1　植物微气候调节

植物在生长过程中通过自身的形态特征及生理过程对植物景观周围的太阳辐射、温度、湿度、风环境和空气质量产生有利于提升环境舒适度的影响，这种影响称为植物微气候效应。植物微气候效应的主体是植物景观系统通过各种物理过程、化学过程和生态过程对其周围气候环境的调节和改变，因此植物微气候调节效应的产生主要体现在植物的三个性能上：一是植物的遮阴作用，植物叶片能够吸收与反射太阳辐射，从而达到降温增湿的效果[7]；二是植物的挡风作用，植物的高度、冠层形状和疏透性等物理特征都与其对风速的调节息息相关；三是植物的蒸腾作用，植物叶片水分的蒸发可以带走部分热量，降低空气温度，同时为空气带来水分子，增加空气湿度。此外，植物的呼吸作用、光合作用等也会对微气候环境产生相应的调节效应。依据这三种性能产生的调节效应，可将植物的微气候效应分为温湿效应、控风效应和净化空气效应，国内外学者针对这几种效应的产生对其内在的调节机制进行了深入研究。

1.植物微气候调节机制

温湿度调节机制：城市绿地植物个体及群落通过遮阴及蒸腾作用降低群落内部温度、增加相对湿度进而通过内外冷热交换来改善局部区域的温湿度。绿色植物能够吸收、反射并遮挡太阳辐射，借助自身的光合作用将太阳辐射能转化为化学能，使到达地面及树冠下面的太阳辐射显著减少[8]。植物对太阳辐射的吸收和反射在夏季体现为遮阴效应，其调节机制为植物树冠对太阳辐射的有效阻挡，使太阳辐射在植被冠层的透射中逐渐削减，有部分被植物叶片吸收，射入地面的短波太阳辐射减少，从而降低地面温度。而植物在冬季将产生透阳效应，落叶植物枝干可以让太阳辐射透过枝干空隙达到地面，增加近地面空气温度。在夏季，植物还可以通过生理活动来降低空气温度，例如蒸腾作用，植物在进行蒸腾作用时会将水分子带入到空气中，提高周围环境的空气相对湿度，同时水分蒸发会吸收周边大量热量，把一部分的太阳辐射显热转化成潜热，降低了空气温度。

风速调节机制：植物风效应产生的原因分为两点，首先，绿化植物能够降低下垫面的空气温度，与周围较高的空气温度形成温度差，引起局部空气流动，起到通风的作用，在风力静稳的情况下，低空冷空气由绿地流向非绿地，形成绿地与非绿地之间的局地环流，有时可产生1m/s的风[9]。其次是借助树冠枝叶阻碍和树冠缝隙疏导的作用来改变风的大小和方向，在树冠下方，风可以顺利穿过。

空气调节机制：植被可通过自身生理活动产生空气净化效应，包括增加空气负离子浓度、滞尘和减少有害气体等。植物通过光合作用释放氧气，通过蒸腾作用释放水蒸气，氧和水分子都是较容易获得电子成为负离子的分子，空气负离子主要为氧气分子获得电子后形成的负离子，又称为负氧离子[10]。植物滞尘效应的调节机制为，植物通过自身分泌黏性物质以及叶片表面的柔毛、凹槽滞留、附着灰尘，使尘土沉降、被阻隔，减少尘土在空气中的漂浮量。植物也可以通过增加空气负离子浓度的方式降尘。此外，植物在进行光合作用和呼吸作用时可通过气孔吸收一些有害气体和有毒物质，例如二氧化硫、氟化氢、氯气等，提高空气质量。

2. 植物微气候调节效应

温湿效应：许多研究均表明，城市绿化改善微气候最明显的是表现在降温和增湿两方面，且二者相互影响和制约[11]。综合国内外研究情况，绿化能使局部地区气温降低3～5℃，最大可降低15℃以上，增加相对湿度3%～12%，最大可增加到33%[12, 13]。据北京测定，一般森林内的湿度比城市高38%，公园的湿度比城市其他地区高27%，即使在树木挥发量较少的冬季，绿地的相对湿度依旧比非绿化区高10%～20%。

控风效应：植物的风效应分为夏季的导风效应和冬季的防风效应。夏季主要是通过植物群落配置和冠层结构来改变风速和风向，达到疏导微风、控制强风的效果。而在冬季，寒风借助与植物枝叶的摩擦作用来消耗能量，从而降低风速。洪波和林波荣通过实验测得冬季小区内有植被的情况要比无植被的情况风速减小1～2m/s，风速减小的区域比例占46%，可明显改善室外活动条件[14]。李飞的研究表明，秋季绿地能减低风速70%～80%，静风时间长于非绿化区。冬季能降低风速20%，静风时间较未绿化地区长[15]。

净化空气效应：多位研究者经试验证明，有植被覆盖区域空气负离子明显高于无植被覆盖区，空气温度越高负离子浓度越低。增加空气负离子浓度能力最好的是竹林，其次是阔叶林和针叶林，较差的是灌木和草坪[16-19]。

1.3.2　水体微气候调节

水是养育人类文明的基石。河流湖泊等水资源产生的良好生态条件与舒适的物理环境，为城市可持续与气候适应性发展奠定了坚实的基础。城市中的天然河段、湖泊、池塘以及人工形成的水库、人工湖等水资源共同构成了城市水域空间。

水体作为主要的自然下垫面，不仅在视觉上给人美感，还承载着生态调节与修复作用。因其具有热容量大、蒸发潜热大及水面反射率小的物理性质，国内外学者认识到水体景观对城市温湿度、风速以及人体热感知的调节作用。大量研究表明，水体景观是性能最好的辐射散热器，其显著的热舒适效应被认为是城市开放空间主动散热的有效方法之一。城市水体在建成环境中形成延绵连续的"蓝色"下垫面，对城市局地微气候具有积极的调节作用。

1. 水体微气候调节机制

水体微气候调节机制的相关研究均建立在其物理性质与大气间相互作用所产生的局地气候变化基础之上。自1988年起，以刘珍海[20]、王浩[21]、傅抱璞[22]为代表的气象学与环境科学人员，就开始运用水分-热量传输理论及热收支方程揭示：水体蒸发吸热导致空气水蒸气含量升高、相对湿度增加，进而在水蒸气风压影响下推动局地气流循环的变化过程[23]。

温湿度效应是水体微气候调节中最为重要且显著的一环。温度方面，刘珍海[20]提出，当水体表面温度低于地表温度，水体具有冷却效应；反之具有增温效应。正负温度效应的转换时间与水温、地温高低转换时间基本一致。湿度方面，贺晓冬[24]与傅抱璞[25]发现，水陆间温度及蒸发量的差异性导致了水体景观的湿度效应。

水体景观风速效应的形成主要来自水陆粗糙度差异的动力作用以及水陆热容差异的热力作用。李雪松等[26]在滨水城市热环境与通风廊道关系研究中发现，随着水体上方风速增大形成"通风廊道"，连续的水体景观成为城市散热换气、有效排污的重要生态通道。Zeng等[27]进一步发现，水体风速效应强度与水体面积呈正相关，$400m^2$的水体可增加风速0.08m/s，$1600m^2$以上的水体可增加风速0.13m/s。风速的提高不仅决定了水体景观温湿度效应的强度及传播范围，更体现在调节各气候因子动态平衡、控制局地气候条件变化幅度的效能。这使得水体成为城市中稳定的重要因素，促进人居环境的改善。

2. 水体微气候调节效应

温度方面：由于热通量的下降，水体的冷却效果表现在在一天中最热的时间使局部气温平均至少降低1.6℃[28]；影响的空间呈"舌状"分布[16]，虽可辐射至水体垂直方向200m的范围，但水平方向上的冷却效用最强，以水面为圆心向外辐射，温度梯度递增、湿度梯度递减[29]。在夏季，水体水平方向上的冷却效应主要发生在上风向2km以内和下风向9km以内，以2.5km以内最为明显[30]。季相性是水体温度效应的最大影响因素，只要水体没有封冻，就会存在升温或降温的作用。李书严等在不同宽度河流对河滨绿地四季温湿度影响研究中指出：就四季的平均状态来看，河流对滨河绿地都有降温效应，并且发展趋势都是相似的，同时，随着河流宽度的增加，降温能力也不断增强[31]。以一条处于温带、宽度为10km的河流为例，晴好的夏季正午，河流上方最大降温幅度近7℃，阴天正午可降低3.4℃；晴好的冬季正午，河流上方最大降温2.4℃，阴天正午可降低0.9℃[30]。在秋季和冬季的夜晚，水体明显具有保温作用，且水体越深、气候越干燥，增温效应越强。

水体的湿度效应分布与温度效应规律趋同[32]。水体周边最湿润的区域，平均湿度较中心商业区高出约10%。与其他水体相邻的面积1.25km²的水体，水汽比湿的增量为0.1～0.7g/kg。孤立的面积为2km²的水体，水汽比湿增量为0.1～0.4g/kg。湿度效应一般在水体下风向2km内最强。同时，水体的湿度效应也会受到地域性的影响。一般在我国干旱地区，各种水域全年都有增湿效应（水汽压和相对湿度都增大），但在湿润地区尤其是在冬季，全年平均水汽压增大，而相对湿度可能减小。在夏季，浅水上水汽压和相对湿度都减小，但在深水水域上大多都呈增长趋势[33]。

风速方面，由于水面平滑，其粗糙度比陆地小，水上风速平均要比陆地上大。增加水体面积一般能使风速增加0.1～0.2m/s[34]。水体越深，风速增加越大；对小风的改善强于大风。这是由于风速的增大，空气运动所具有的动能变大。风向是风速效应的重要影响因素，顺风条件下，也就是水体的下风向，作用最强。风速效应是温度效应和湿度效应传播范围的决定性因素。风条件使温度、湿度梯度的分布产生各种模式，但受城市形态的影响。

总体而言，大量基础研究证明，水体微气候调节机制能够有效承载气候变化带来的热负荷。水体及其形成的水环境是城市气候适应性设计中最活跃、影响最广泛的要素之一。依托自然过程为主导的水体景观在适应不同地域气候特征与城市空间特征中，被赋予了新的气候适应性功能与属性，得以应对城市气候变化的挑战。

1.3.3 地形微气候调节

园林地形是指园林用地范围内地表三维空间的起伏变化。它是园林的骨架，是连接其他景观要素和空间的主线。从园林范围内讲，地形包含土丘、台地、斜坡、平地，或因台阶和坡道所引起的水平面变化的地形。起伏最小的地形叫"微地形"，包括沙丘上的微弱起伏或波纹[35]。园林微气候设计中，地形作为设计的主要层面，在园林微气候营造和微气候调控中起到重要角色。地形微气候指相对高差在几米到几百米，水平距离在十米到十千米范围内的起伏地形对气候的影响，其特征主要表现在个别气象要素的数值和个别的天气现象上，且局限在近地面的空气层中。我国对地形微气候进行系统的研究，是从1956年在黄土高原进行各种地形的微气候研究开始的，迄今已有六十多年的历史。近些年，地形在园林微气候方面的调节效应引起风景园林专业学者的关注。

1. 地形微气候调节机制

在地形对气候的调节作用中，宏观地形因素包括大山脉的走向、长度、总体高度和局地海拔高度等，主要影响大气候，是微气候的背景条件；园林设计中所涉及的微观地形因素主要包括坡地方位和地形形态，因为方位与地形形状不同，其辐射收支的各个分量，特别是直达太阳辐射便大不相同[36]。风状况也对微气候有显著影响，通过辐射和风的差异，又引起温度和湿度的变化以及降水分布的不同。海拔高度虽然也在一定程度上影响着微气候，但在相对高差不大的情况下，高度的影响与坡地方位及地形形态的影响比较起来显得很微弱，通常可以忽略不计。因此，以下主要通过坡地方位、地形形态两个方面来阐述地形对微气候的调节机制。

坡地方位调节机制：对微气候的作用机理主要是，由于坡向、坡度的不同，不同方位所接受的太阳辐射、日照长短以及风的影响不同，从而对微气候造成不同的影响[37]。由于阴、阳坡微气候不同，因此在设计中植被情况以及土地利用情况都不相同。由于坡向和坡度的差异，坡地上每天所受到太阳照射的时间以及各时刻的太阳辐射通量与全天所接受的太阳辐射总量都不相同，因而造成温度状况与蒸发过程的不同；而由于温度与蒸发的差异，又引起土壤水分与空气湿度等一系列的差别。而且，坡地方位对日照时间和太阳辐射影响的情况在不同纬度上和不同季节内大不相同，因此坡地方位对微气候的影响也是随着纬度和季节而变化的。

地形形态调节机制：在景观微气候设计中所涉及的地形形态可以概括为平地、坡地、凸地形、凹地形等，它们通过接受太阳辐射、通风和冷空气径流排泄情况来影响微气候状况。地形形态对可照时间与接受太阳辐射的影响，与周围地形对研究地点的遮蔽度密切相关。在北半球，南面和东、西两个方向的遮蔽程度愈大，则可照时间与太阳辐射减少得愈多。起伏地形中的空气土壤湿度的分布与温度、风速有关。一般说来，低洼地的绝对湿度比高坡地大，而且前者的变化振幅比后者大。

2. 地形微气候调节效应

地形对微气候的影响主要体现在，同一地区，由于其局部环境内地形起伏状态、土壤性质、坡地方位及地面覆盖层等差异，在近地面气层里和土壤层中形成与该地区的一般气候不同的特殊微气候特征。地形差异是引起微气候差异的主要原因之一，最明显的例子就是不同的坡地上获得的热量和水分是不同的，这直接影响植被的分布。地形对微气候调节效应最主要表现在两个方面：一是地形差异造成太阳辐射能量分布不一致；二是地形对气流的作用[38]。在以上两个因素的作用下，形成各地形地势气象要素的分布差异。为方便起见，下面按景观微气候中所涉及的地形类型来阐述地形对微气候的调节效应（表1-2）。

表1-2　凸地形与凹地形微气候特征

要素	凸地形	凹地形
日照	四周无遮蔽，日照时数与水平地表同 四周有遮蔽，日照时数低于平地；若南、东、西三面遮蔽严重，则日照减少得多 在冬半年受南方和偏南方遮蔽的影响大，日照减少	日照时数总小于平地和凸出地形 本身开阔，四周遮蔽小，则日照时数较大；反之则小 比较不同谷地在夏半年的日照时数大小，顺序为：东西走向谷地>南北走向谷地>圆形谷地（$\alpha \leqslant 90°$） 在冬半年，Φ 与 α 均较小时，东西走向谷地>南北走向谷地；Φ 与 α 均较大时，正好相反；圆形谷地最小
辐射	与日照变化规律一致	与日照变化规律一致
空气温度	白天增温和夜间降温均较缓和，故气温振幅小 温度一般比平地和凹地形高，与坡地不相上下 冷平流下，凸出地形迎风面上白天和夜间温度均低，霜冻重 辐射型天气下，霜冻轻，山坡出现"暖带" 地形对温度的影响：高纬区>低纬区、冬季>夏季；气候越干燥，云越少，风越小，植被越少，地形越封闭，离差越大，影响越大	温度振幅大 温度一般比平地及其他地形低 冷平流下，温度较高，霜冻较轻 辐射型天气下，形成"冷湖"，辐射霜冻严重 地形对温度的影响：高纬区>低纬区、冬季>夏季；气候越干燥，云越少，风越小，植被越少，地形越封闭，高差越大，影响越大
土壤温度	变化规律与气温类似；变化幅度比气温大，剧烈	变化规律与气温类似；变化幅度比气温大，剧烈
空气湿度	绝对湿度与其他地形相比最小，且振幅小 相对湿度一般白天高于凹地，夜间低于凹地，振幅也小 阴天有云时，相对湿度顺序为：全天凸地形>坡地>凹地	绝对湿度与其他地形相比最大，且振幅大 相对湿度一般白天低于凹地，夜间高于凹地，振幅也大 阴雨天和大风天、空气湿度因地形影响造成的差异减小
土壤湿度	比凹地形小，与坡地相比，视具体情况可大可小 白天一般凸出地形风大，蒸发大，土壤湿度比其他地形小 气候过干或过湿的情况下，地形对土壤湿度的影响减小，各种地形词的土壤湿度差异小	土壤湿度最大 白天一般凸出地形风大，蒸发大，土壤湿度比其他地形小 气候过干或过湿的情况下，地形对土壤湿度的影响减小，各种地形的土壤湿度差异小

续表

要素	凸地形	凹地形
风	由动力因素影响的风速、风向变化规律，与孤立小山情况相同；凸出地形的风速总是最大的 由热力因素影响形成山谷风，具有以下规律：坡度越大，湍流越弱，地温日变化越大，下垫面粗糙度越小，山谷风越强；下垫面越粗糙，坡度越小，大气越不稳定，山谷风的转换高度越大；一般夏季2m处谷风出现最大风速 日出后2~3h开始出现谷风，午后达最大，傍晚平息，日落前0.5~1h山风开始，次日日出后急剧转弱，被谷风代替	一般风速较开阔平地和凸出地形小 若其走向与风向近乎平行，则加强风速，比平地大，风向沿走向偏转，四下地形越深而狭窄，风速加强越多 由热力因素影响形成山谷风，具有以下规律：坡度越大，湍流越弱，地温日变化越大，下垫面粗糙度越小，山谷风越强；下垫面越粗糙，坡度越小，大气越不稳定，山谷风的转换高度越大；一般夏季2m处谷风出现最大风速 日出后2~3h开始出现谷风，午后达最大，傍晚平息，日落前0.5~1h山风开始，次日日出后急剧转弱，被谷风代替

资料来源：引自文献［39］。

平坦地形微气候：对于平坦地形的直观意义上的理解就是土地的表面在视觉上与水平地面是平行的。但是在户外环境中没有绝对意义上的平地，都会在一定程度上保持一定的自然坡度或是人工的排水坡度，只不过这种坡度小到不足以为人所察觉。这类地形因素的微气候特征为：平坦地形处空气一般较为流畅；暖季时，白天升温快，夜晚降温平缓；冷季时，白天温度升高快，夜间降温快；白天日辐射较强。

坡地微气候：指在同一大气候区域、大地形、外围地形的共同作用下，因坡度和坡向的不同而形成的不同微气候特征。微气候主要特征可以概括为：南向坡地接受太阳辐射较多，温度较高，土壤冻结较浅，霜冻轻，但由于蒸发、蒸腾强，土壤较干燥，水分条件差；北向坡地微气候特点基本与南向坡地相反，热力条件较好；一般随着纬度的升高，南北坡之间的微气候差异增大，且冬季的差异远大于夏季；其余坡向坡地微气候特征介于南北坡之间。

凸地形微气候：指在同一大气候背景下，由于地面呈现突出形状而形成的特殊特征的微气候。凸地形在景观设计中的表现形式有山丘、丘陵、山包及小山峰等。凸地形自身地形特征决定了它所获得的太阳辐射比较多，土壤中得到的水分较少，且周围空气流动通畅，从而形成了以下特点：①温度高、湿度低、日振幅低；②气流通过凸出地形形成本身的流动，同时还影响到空气中温度、湿度的变化，在迎风面上部、山顶和两侧，由于气流收缩，流线加密，风速增大，在背风面和迎风面的下部，由于漩涡的产生而使风向紊乱，风速减弱；③在山地中，各种因素引起的局地相对温度、湿度的差异，产生各种局地环流，形成山谷风。

　　凹地形微气候：指在同一大气背景下，由于地面凹下而形成的特殊的微气候。凹下地形包括洼地、谷地、盆地等。由于地表凹下，其贴地空气层不仅受到本身地表的影响，还要受到四周遮蔽地形的影响，所以凹地微气候不同于平地气候。凹下地形微气候最显著的特征是"冷湖"和"暖带"现象。"冷湖"是由于夜间冷空气下沉积于凹地底部，由于凹地的闭合性，没有排泄通道或是排泄不通畅而堆积产生类似湖泊的逆温冷空气层。"暖带"是指凹地与凸出地形相连接的坡面上高于"冷湖"层上形成温度相对高的带状区域。凹地处风速微，湍流弱，土壤蒸发和植物蒸发不大，土壤的湿度大。凹地气流主要表现在山谷风的形成和变化规律上，同凸出地形一样，也是有动力因素和热力因素影响形成的。凹下地形的温度与其"凹型"以及闭塞程度等有关，例如U形谷底与V形谷底的最低温度不相同。

第2章 相关基础概念与理论

本章阐明复杂的气候与微气候的相关概念，分析气候因子与风景园林气候适应性因子的影响作用，同时，总结论述环境与行为的相关理论，以期为相似气候条件下，为寒地城市公园与微气候适应性关系的相关研究以及寒地城市公园气候适应性设计提供理论基础及参考依据。

2.1 气候与微气候

2.1.1 气候

气候是指某一地区多年的天气和大气活动的综合状况，是某个时段（月、季节、全年或数年）天气的平均统计[40]。它是由作用于这个地区的太阳辐射、大气环流和地面性质等长期相互作用决定的[41]。表征气候的参数主要有：太阳辐射（日照）、温度、风（风向和风速）、湿度、降雨、气压、雷暴、云量、蒸发等。

为了辨识不同区域的气候特征，按照大气统计平均状态和空间尺度，可以将气候分为大气候和小气候两大类[42]。将较大地区范围、具有一般气候特点或带有共性的气候称为大气候，把较小范围内、受各种局部因素影响的、具有和大气候不同特点的气候称为小气候[43]。有的学者根据下垫面构造特性所影响的水平、垂直以及时间范围，又将小气候分为局地气候（local climate）和微气候（microclimate），把介于大气候和局地气候之间的气候称为中气候[44]。气候分类的大致尺度和时间范围如表2-1所示。

表2-1 奥凯提出的气候研究的空间尺度与时间范围

研究尺度	气候范围	空间尺度		时间范围
		水平范围/km	垂直范围/km	
宏观尺度	大气候（全球气候带）	2000	3 ~ 10	1 ~ 6个月
中观尺度	中气候	500 ~ 1000	1 ~ 10	1 ~ 6个月
小尺度	局地气候	1 ~ 10	0.01 ~ 0.1	1 ~ 24小时
	微气候	0.1 ~ 1	0.01	24小时

2.1.2　微气候

小气候是指在具有相同大气候特点的范围内，由于下垫面旳地形、土壤和植被分布差异，而在局部地区形成的独特气候状况，主要表现在个别气象要素（太阳辐射、温度、湿度、风）变化以及个别天气现象（雾、露、霜、降雨）的差异上。它是从地面到不受地面影响的从十几米到百米不等的高度范围内的气候。这一气候层恰好是人类和动植物生存的空间，因此小气候环境的舒适与否对地球生物具有重要的现实意义。

现代气象学对微气候的定义不一（参见文献［45］和［46］），但都是指小区域范围的，受下垫面性质影响的，气候特征可变的一种气候类型。微气候存在于大的气候系统之内，除受区域环境的作用以外，还容易受到人为因素的干扰。人为参与影响的不同下垫面的物理差异，引起其上方空气复杂的水气与能量交换，进而影响空气的温度、湿度、风、降水和热辐射等。所以，微气候是一个极易被改变和利用的自然-人工复合系统。

2.1.3　气候因子与风景园林气候适应性因子

1.气候因子

气候因子又称为气候因素，可分为气候形成因子（形成大气候的基本因子）和气候表征因子（形成生物环境的各气候因子）。

气候的形成因子主要有四个方面：辐射因子、环流因子、地理因子和人类活动影响。辐射因子即指太阳辐射，它是地面和大气热量的源泉，地面热量收支差额是影响不同气候形成的重要原因。环流因子包括大气环流和天气系统，影响因子有平均经圈环流、平均纬圈环流、行星风带、气温、雨量、气压和风等。地理因子主要为下垫面的异同，如地理纬度、海陆分布、地形和洋流等。

气候的表征因子（climatic factor）是由太阳辐射（辐射量、日照时间）、温度（绝对值、变化幅度）、水分因子（降雨、湿度）、大气因子（风、空气污染）等组成的。

2.风景园林气候适应性因子

气候（表征）因子是影响气候舒适度的主要指标，它囊括了太阳辐射、温度、风、湿度、气温、雾、云、降水、雷暴、气压、大气污染等诸多因素[47]。大量研究表明，在大多数的城市景观中，有五个气候因子会影响到人们的舒适度和健康，他们是空气温度、湿度、风、太阳辐射[48]。

（1）温度

温度是微气候的多个因子中最容易被人所感知的，其影响较为直接。在气象学中，通常将距离地面1.5m处的空气温度作为衡量空气温度的指标。温度由所处环境的宏观地理位置和气候所决定，受太阳辐射、空气气流的流动、建筑布局、植被种植、下垫面性质、人为活动等多个因素影响，即便在同一区域，以上因素的差异也会造成温度上有所不同。

影响环境空气温度变化的最重要因素是太阳辐射，地表接收太阳辐射带来的热量，从而发生温度变化，建筑、植被、下垫面也会对太阳辐射产生的一定的折射或散射，因此，城市景观空间中不同的景观要素对太阳辐射的吸收与散射的程度不同，会导致环境温度有所差异，从而形成了不同的微气候环境。

（2）湿度

湿度用于表示空气中所含水蒸气量，主要分为绝对湿度和相对湿度[49]。通常情况下，湿度是一项不容易被人感知、判断的微气候指数，但是湿度可以通过气温间接获得，研究表明，一般同一天气情况下，气温与相对湿度关系成反比[50]。

影响湿度的因素较多，如城市的降水量、空间内水体的影响、植物的覆盖率、下垫面的透水性、气流的流通以及空间结构布局等。一般情况下，全年降水量较多的城市的湿度要高于全年降水量低的城市；在一个空间环境内，如果存在水体的话，那么该空间空气中含水量也会比较高；如果空间内有较多植物覆盖，植物的蒸腾作用可以提高环境湿度；下垫面的不透水性越强，地表的含水量越低，地面干燥，可蒸发的水分有限，从而湿度也会较低；另外，建筑、街道的布局影响空气的流通性，空气的流动会使环境的湿度有所改变。

（3）风

风作为微气候的主要因子之一，主要具备三个基本属性，即风向、风速和风温。根据风的成因，风可以分为山谷风、街巷风、水陆风和庭院风，主要受地貌、地形、地势、水陆分布、下垫面、植物等因素影响。一般情况下，滨水地区、高地势区域的风速要高于内陆地区和低地势区域；建筑布局、街道走向以及下垫面性质与风向、风速的关系都十分密切，风受这些因素的影响易形成"狭管效应"、"风影效应"、"通道效应"等不良"风害"。

另一方面，风环境对空间内温度和湿度的变化具有决定性作用，良好的通风不仅可以为温湿度带来变化，同时也可以提升该区域内各个微气候因子之间的动态平衡[51]。在不同的气候区域和季节中，风所带来的影响和作用也会有所不同，例如在哈尔滨市，夏季良好的风环境会增加场所的舒适性，而冬季风环境的增强则会加剧冬季寒冷的不舒适性。因此，风环境对微气候设计具有重要的影响，在进行设计时应当给予足够的重视和考虑。

（4）太阳辐射

太阳辐射（solar radiation）是指太阳向宇宙空间发射的电磁波和粒子流。它是地球大气运动的主要能量来源，包括太阳直射辐射、天空散射辐射和环境表面反射的短波辐射。直接到达地面的辐射为直接辐射；通过大气、颗粒物散射后再次到达地面的辐射为散射辐射；地面物体吸收热量之后反射的热辐射为短波辐射或反射辐射。

太阳辐射是微气候中起决定性作用的因子，太阳辐射是环境中热量的主要来源，其直接影响了空间环境的冷热，对温度、湿度等微气候因子的影响程度非常大。太阳辐射投射在建筑、绿化树木上会在地面形成阴影，而阴影的形成对城市微气候环境和人的热舒适起着至关重要的作用。

太阳辐射对气候影响主要有两方面，一方面是太阳辐射自身的入射高度角和辐射强度，在冬季，入射高度角低，日照时间短，辐射强度弱，温度低，而在夏季则相反。另一方面，太阳辐射对城市微气候产生的影响程度不仅受纬度、海拔、大气透明度、云量等方面的制约，还受环境范围内建筑布局、朝向、体量、植物、下垫面等因素的影响。因此在进行微气候设计时，不仅要考虑到复杂的环境因素对太阳辐射的影响，还要考虑到冬季和夏季中太阳辐射的差异。

综上所述，气候因子之间是互相联系的，一个因子的变化往往会引起其他因子的相对变化。太阳辐射是气候形成的源动力，通过太阳辐射的能量传递引起不同下垫面的空气温度与地表温度的变化，冷热区域的存在形成了不同的空气气压，进而引起空气流动，形成风，温度与风又影响着水分的蒸发和植物的蒸腾效率，最终导致不同区域的气候差异。

2.2　环境与行为理论认知

环境-行为研究（environment-behavior studies）于20世纪50年代在欧美国家兴起，并逐渐成为行为学中重要的研究方向，奠定了其在景观建筑环境领域的地位，至今英美国家依然将环境行为研究作为建成环境与社会行为相关研究的主要研究方法[52]，其总结归纳环境行为学的基础理论以及建成环境领域、心理学领域、地域气候条件下的环境行为认知，为寒地城市公园与微气候效应的适应性关系提供环境行为学理论依据。

2.2.1　环境行为学基础理论

1.活动类型的差异性选择

城市公园作为城市开放空间的重要组成部分，是城市居民开展多样休闲活动的主要场所。受特定的空间功能与环境限制，人们在进行休闲活动的形式及特征在一定程度上有别于其他行为类型。经过实地调研活动发现常见的休闲活动类型包括健走、太极拳、操舞、毽球、健身器械以及在休闲活动过后发生的休憩聊天等活动。丹麦建筑师扬·盖尔教授将公共环境中人的室外行为活动类型分为必要性活动、自发性活动、社会性活动三种[53]。该划分方式恰到好处且有效地阐释了室外物质环境与人类行为之间相互需求和作用的关系。相关研究证明，休闲活动是由生理、心理、社会文化等多种因素共同影响的产物，同时具有必要性、自发性及社会性的双重特征。

必要性活动指在任何情况下都有可能发生的以及在特定类型空间中展开的活动，普遍存在于人们的日常生活中。其中步行环境中必要活动发生的频率较其他空间较高，这类活动发生很少受物质环境构成因素影响，但物理环境的影响作用不容小觑。休闲活动类型中的健走活动是步行环境中发生频率最高的健身行为，并具有一定的必要性特征。而定向健走活动与随意健走行为均会在一定程度上受到外界环境的影响，其中微气候物理环境是影响该行为活动频率的重要影响因素。

自发性活动是只有在适宜的室外条件下才会发生的活动。当物质环境质量满足于自发性活动需求时，自发性活动产生，同时物质环境条件对自发性活动频率具有一定激发作用。这类活动的特点是人们自愿参与及合适的发生条件，例如适宜的活动地点、契合的活动时间等。自发性活动的产生一般依赖于自然条件的作用影响，例如适宜的气候条件、活动场地物质条件配置等。由于自发性活动受外部环境条件的诱导，因此与外部物质环境的相互作用更为紧密。休闲活动中的大多数活动类型均属于自发性活动。城市开放空间中的活动主体为中老年人群体，这一群体由于其生理机能的退化，机体对环境刺激的耐受力降低，因此对抗性较小、游戏性强、强度适中并具有团体性的休闲活动成为缓解消除中老年群体离退休后满足健康及社会交往需求的重要方式。人们参与室外活动的自发意愿主要受限于外界环境，特别体现在微气候方面。一般情况下，人们会选择适合不同类型自发性活动的微气候场地进行活动，适宜的微气候环境同样会对自发性活动的多样性及频率产生推动作用。

社会性活动是指城市开放空间中依赖于他人共同参与的活动类型。城市公园休闲活动中，中老年人晨练行为、操舞行为以及毽球行为等，就是典型的并非纯粹个体的休闲活动，同时，具有很强的社会性及团体性。由于社会文化环境的群体性对人的行为具有诱发的作用。因此，休闲活动为在社会活动层面不仅具有主动性，也具有被动性及互动性。在休闲活动群体中，尤其是中老年群体，除强健体魄外，其活动过程存在着模仿、感染、从众、协同等社会心理互动意识，因此，休闲活动是一种具有鲜明社会学特征的行为活动。同时，社会性活动一般为社会环境的被动触发行为，与外部环境互动性较高。舒适的微气候环境可以吸引人们来到特定空间开展活动，延长人们在空间中的活动时间，进而大大增加社会性活动发生的概率。并且，社会性活动主体包括参与者与旁观者两部分，舒适的微气候环境不仅可以影响参与者的身心健康，同时也在影响着旁观者对活动的关注程度，也激发着旁观者的活动欲望与期待。

2. 需求层次

行为是人类心理需求的外在表现，是社会环境与社会文化长期稳定相互影响的结果。马洛斯将人类的基本需求分为五个层次，分别为生理需求、安全需求、社交需求、尊重需求、自我实现需求。同时他认为："人们在生活发展的过程中，历经各种心理变化，而心理变化必须在低层次的需求得到满足后才能产生更高层次的需求。"也就是说，生理需求及安全需求是通往自我实现的最基本也是最重要的需求层次，同时也是影响人类健康水平的决定性因素。而微气候物理条件正是影响健身行为生理及安全需求的重要因素。

生理需求指对空气、水、食物、睡眠等人类赖以生存的根本元素的需求和特殊的心理需求，只有这些需求得到了满足，人才能存在于社会生活之中。人类作为独立的生物有机体，在社会生活中除了受到外界物质环境刺激，也会产生与外环境保持热平衡的生理反应。人的热感觉的基础是人体受热的同时将热散发到周边环境中，而周边环境的微气候条件的极端降温或升温均会导致人体生理热能的极端丧失或附加，并超出人体负荷，从而影响人体生理感知。这尤其体现在高温高湿的微气候特征下，过量的湿度将严重阻碍人体体表散热及水分的蒸发，产生不舒适感，因此其行为活动也必然受到生理因素的制约。安全需求包含生理及心理安全需求，即生理及心理不受外界环境伤害的需求。相关研究表明，极端不利的微气候条件所导致生理热能的极端丧失及获得均会阻碍行为活动产生及发展，从而引发一系列慢性及突发疾病，这尤其体现在休闲活动之中。因此，舒适的微气候物理环境是满足人的基本生理及安全需求的根本，而生理及心理需求是诱发休闲活动发生的有利条件和重要动力。

2.2.2　建成环境领域下的环境行为

对环境与行为之间关系的探讨一直以来都是各个领域研究的重要议题，因此对两者关系的认识也有着坚实的理论基础。现代心理学认为："行为是指人在主客观因素影响下而产生的外部活动，既包括有意识的行为，也包括无意识的行为；但正常情况下人的行为都是有意识的。"在《环境行为学概论》一书中，作者认为"人的行为是出于对某种刺激的反应，而刺激可能是机体自身产生的，如动机（motivation）、需要与内驱力（drives），也可能只来自外部环境，人与环境在人体动作所及的这个小范围内是相当难以区分的"。可见，人的行为受到自我选择与环境条件的共同影响。由于行为这种双因素影响性，也就必然存在对这两个因素孰轻孰重、作用大小、相互关系的探讨和争论，对环境与行为关系的认识也产生了不同的观点。建成环境视角下，环境与行为关系的理论认识包含了环境决定论、相互作用论以及相互渗透论三大观点。

环境决定论，指人类行为主要依赖于外在环境，外在环境不同，其行为表征也会以特定的方式表现出来。就客观物质环境而言，虽然外在环境对人类行为产生很大影响，但外在环境变化通常并不考虑人的行为心理及感知，同时也难以改变人类行为本性[54]。

相互作用论，认为外在环境和人类行为是各自独立存在的客观因素，人们内在的心理变化不因外在环境而改变。外在环境只有被人们接受时才对改变人的行为活动起到真正的作用。变化是外在环境和人类行为相互作用产生的结果。

相互渗透论，指人的行为对外在环境因素所产生的影响不仅限于对外在因素的调整，还包括完全改变外在因素的性质及意义……人的行为活动和外在因素不是相对客观独立的两极，而是相互依存、互惠互利的关系。相互渗透论与相互作用论的不同之处在于，人们的行为在一定程度上受外在环境主要影响，同时人的行为与外在环境因素之间相互具有能动作用[54]。

城市公园微气候与休闲活动的多因子关联更符合相互渗透论的观点。休闲活动是人主动适应物理环境的结果，是个体与其所处物理环境相互作用及渗透的结果。人们在从事休闲活动过程中具有较强的应变能力，能够适应物理环境的变化而不断产生新的行为模式及系统。除此之外，Proshanky等认为热适应是一种人体对热环境的一种适应性的调试过程，人通过接受环境气候状态的刺激，以达到心理及生理上的平衡，进而在心理及行为上产生适应性或调试性的反应，其两者内在适应性的关系是改变对环境刺激的反应，也是改变刺激的过程[55]。聂筱秋等也提出人的行为是接受环境刺激所引发的具有思考性的反应过程，这种行为反应过程会呈现出两类不同类型的信息：来自于所处外界环境信息以及行为者自身的感知信息和经验信息[56]。这两类信息的获取过程一方面依赖于对外界物质环境特征的抽取，另一方面来自于人的行为模式及感知。

2.2.3　心理学领域下的环境行为

心理学视角下的环境与行为关系的认知，强调经验和行为的整体性。格式塔心理学代表人物考夫卡，在《格式塔心理学原理》一书中指出：行为产生于行为的环境，受行为环境的调节。人们的任何行为不仅取决于这一环境的客观性质，更取决于他主观上对环境的认知。该理论提出了一个重要的概念，即"心物场"，来说明人的经验世界和现实世界，其认为人的行为是这两者共同作用的结果。

受这一观点影响，库尔特·勒温（Kurt Lewin）于20世纪30年代提出了"生态心理学"（ecological psychology）这一专有名词，并以"场论"（field theory）的概念解释人的行为。$B=f(P,E)$，B（behavior）代表行为，P（personality）代表个体，E（environment）代表环境，即人的行为（B）是由人（P）和他的心理生活空间（E）的相互作用决定的。该公式表示行为是随着人与环境这两个因素的变化而变化的，揭示个人行为的变化规律：在不同的环境与心理气氛下产生了不同的具体行为。简单来说，人的任何行为会随着环境以及心理气氛变化而变化。

地理学家Kirk又进步将该理论解释为一种由现象环境、个人环境与人文环境共同作用的环境模型。现象环境指客观存在的环境，对任何人都一样，不受人们感知经验的影响。其中物理环境具有一些稳定的环境特征，如温度、风、声音等，它对行为的影响是通过情绪作为中介变量产生的。气候与行为的关系中存在以下理论：

①气候决定论：气候决定了行为的范围。

②气候可能论：气候对行为有一定的制约作用，限制了行为可能的变化范围。

③气候概率论：气候不是导致某种行为产生的决定因素，但它决定了某种行为出现的概率大小。

现象环境理论曾指出，季节的变化会影响到个体的行为与心理。一些研究表明，温度在11～25℃区间，进行体力劳动效率最高。当环境温度过高时，人们体验到热环境所带来的不适，会导致人际吸引力与利他行为的减少。

2.2.4 地域气候条件下的环境行为

早在1971年，丹麦建筑学家扬·盖尔教授在《交往与空间》一书中的第四章"步行空间·逗留空间·细部规划"中就提出了气候问题对于城市绿色空间场地规划设计的重要影响作用。他认为城市绿色空间的质量好坏与否与局地气候条件密切相关[57]。一方面，只有根据当地城市气候条件及其相应的文化行为模式进行详尽的分析及评价，才能创建优质舒适的城市绿色空间[58]。另一方面，他认为"一味通过地域不利气候条件来改善城市公园微气候的关系是不够的。若能抵御最不利的极端气候状况自然是好的，但有机会体验到季节的变换以及天气的变化，同样是具有价值的。特别是当人们会在不同特征的气候条件下进行不同的自发活动时，更是如此具有乐趣"。

随着环境行为学理论被广泛认知与传播，扬·盖尔教授进一步从环境行为学视角，对受寒冷气候影响的斯堪的纳维亚地区的城市开放空间使用状况及场地规划设计进行了分析，提出了"冬季友好"的气候适应性设计理念，并在此后对北欧的其他寒地城市产生深远影响。他认为对寒地城市既不能过度建设室内人工环境来躲避自然的极端不利条件，也不能无视冬季严寒完全不顾地域气候条件挑战自然、征服自然，而是应该利用现有气候条件寻找适应的对策，提升冬季生活条件，建设"冬季友好"的城市绿色空间，让寒冷地区城市居民既能拥有温暖舒适的生活环境又能够享受冬季带来的独特生活乐趣。该理念建立起人类日常生活的基本需求及行为规律、空间特征、地域气候特征的关联关系。寒地城市公园的建设应该在注重寒地城市气候特征的前提下，深入观察并揭示寒地城市居民行为模式，并采取气候适应性的积极应对措施，提高室外环境质量，鼓励社会交往，从而营造出适合人们冬季生活的舒适宜人的物理空间。

第3章 景观空间特征与微气候相关性研究框架

本章探讨寒地城市公园微气候效应与景观空间特征相关性研究的方案构建。首先，阐明本书实证研究的具体内容，即探求寒地城市公园休闲活动空间、路径空间与景观空间特征与微气候效应的关联关系。接着，介绍实验公园及其测试点的基本概况与筛选方法。在此基础上，详细阐述本书实证研究的数据采集与模拟方法，其中包括实地测量指导原则与方法、测试仪器基本参数与精度、仪器架设说明、模拟软件操作等内容。通过精心的实验设计以保障获取数据的有效性以及实验结果的准确性。最后，介绍实验数据处理的技术与方法，为后续的实验数据分析与研究结果提供技术支撑。

3.1 研究技术路线

本书将在第4～6章节分别结合城市公园公共休闲活动空间、路径空间与景观空间，实地测量景观空间特征与微气候的数据，使用数理统计分析模型与微气候模拟分析模型，阐释景观空间特征与微气候效应的关联机理（图3-1），力求在实证研究层面构建寒地城市公园景观设计理论框架，为气候适应性设计策略的提出提供科学指导。

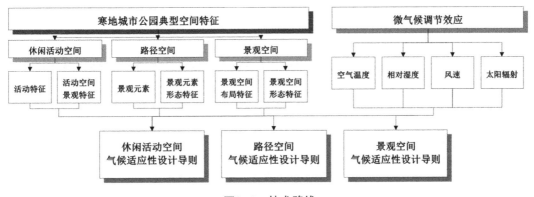

图3-1 技术路线

3.2 实验公园及测试点选择

3.2.1 哈尔滨城市公园基本概况

哈尔滨是1898年随中东铁路的修建而兴起的近代城市，整个城市建设受到俄罗斯及欧洲文化的影响，为了配合整个城市的巴洛克风格，早期的公园建设的艺术设计形式表现出明显的苏联园林文化的痕迹[59]。在布局手法上，基本采用轴线清晰明显的规则式布局，游览路线沿轴线方向布置，景观布置以轴线做两边对称或拟对称式的排列。道路网一目了然，布置以笔直的林荫大道为主，辅以几何形状的休闲广场，规则的花坛、整形的草地、修剪精细的绿篱等。

党的十一届三中全会以后，哈尔滨的公园数量不断增加，公园类型逐步丰富，新建了学府公园、清滨公园、香坊公园、九站公园和长青公园。1987年，哈尔滨共有公园10个，风景名胜区1个，动物专类园1个，面积共362.4hm²，人均公园面积1.22m²。2000年，哈尔滨市公园共21个，公园面积增至535hm²，人均公园面积1.92m²；对平房公园、清滨公园、靖宇公园等公园进行了开放性改造，治理马家沟周边环境，初步形成沿河绿色风景线。2001年，欧亚之窗和游乐场被国家旅游局评为全国首批AAA级旅游景区。2002年，太阳岛公园晋升为AAAAA级风景旅游区。2003年，北方森林动物园建设在哈尔滨市。2010年，哈尔滨市重点实施公园、廊道、街道、庭院的垂直绿化和管护防治工程，全年新增绿地860hm²。2012年，绿地率达30%，3年内城区新增绿地面积2650hm²，向国家园林城市的目标更近了一步；哈尔滨公园共有96个，公园总面积2850.14hm²，城市绿化覆盖率达到40%，人均公共绿地面积达到11m²，人均公园面积6m²。至2020年，哈尔滨城市绿地系统预期形成"环状—楔形放射—格网"点、线、面相结合的城市绿地网络，主城区绿地率达到40%以上，公共绿地面积4692hm²，新增公共绿地2598hm²，达到人均公园面积10m²[59]。

3.2.2 典型活动空间及测试点选取

本书第4章关于公园休闲活动空间景观特征与微气候效应关联机理的实证研究，以哈尔滨兆麟公园为研究对象（图3-2）。

该公园始建于1906年，是以著名抗日联军将领李兆麟将军命名的、哈尔滨建埠后形成时间最早的综合性城市公园。该公园坐落于哈尔滨市居住、政务、商务及旅游观光核心区域，与松花江隔道相望，占地面积8.4hm²。其自然资源丰富，植被覆盖率高达62%，共有榆树、杨树、云杉、樟子松等乔木38种共1249株，丁香、榆叶梅、玫瑰、连翘等灌木24类共2664株，其中古树名木17株。该园早期挖湖堆山、依山建亭、临水建桥，衬以欧式古典主义风格大门以及俄罗斯风格建筑小品，其景观结构呈现出古典与现

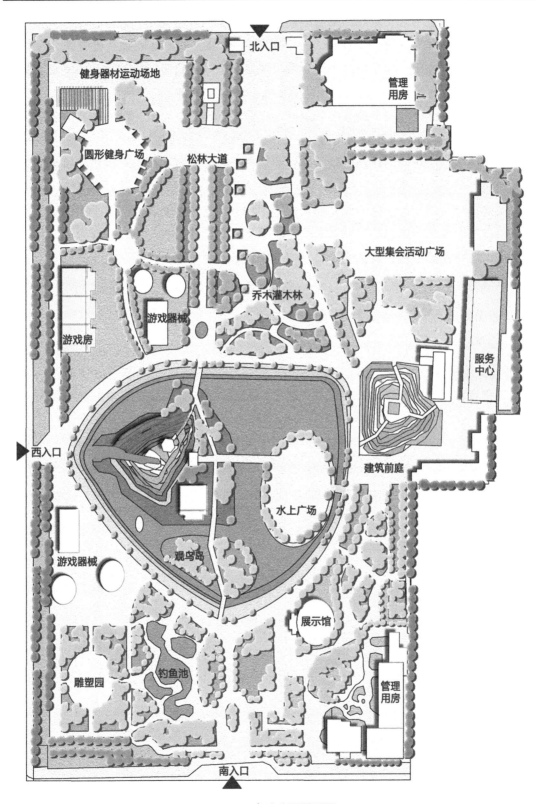

图3-2　实验公园平面图

代园林、自然景观与人文景观相结合的典范，也是中西合璧体现开放包容城市文化的缩影。哈尔滨独特的气候条件，使兆麟公园形成冬夏分明的风情韵致：春夏季，绿树成荫，芳草菲菲，环山银河，亭桥映柳，是市民游憩以及进行日常休闲活动频率最高的理想花园；冬季，气势磅礴的冰灯游园会更是吸引大批中外游客前来观赏。

兆麟公园的整体规划布局呈南北走向，以假山、观鸟岛及人工湖为核心，将公园分为南北两大部分。南部以儿童游戏器械、博物展览馆及公园管理服务用房三大部分构成，市民日常使用频率较高的休闲活动空间主要集中于公园北部各个由植被或建筑界面围合出的点状空间中，北部活动空间相对于南部较为静谧，更加适宜健身活动的展开[52]。

实证研究利用行为注记的研究范式及适用特点，在春夏交替之际对全园休闲体力活动进行全日段观测，随后根据行为地图绘制结果确定出复合健身广场、乔木灌木林、松林大道、健身器械场地、建筑前庭以及集会广场等六个高聚集休闲体力活动场地，作为基础数据采集点。

3.2.3 典型路径空间及测试点选取

本书第5章关于路径空间景观形态特征与微气候效应关联机理的实证研究对象与第4章相同。

研究者对测试场地进行观察，在兆麟公园发现了5条人们经常运动的健身步道，以150份调查问卷为基础，对5条不同健身步道的人数进行了调查，统计出每条健身步道使用的人数[60]，如表3-1所示。将每条道路的人数叠合，得出一条使用频率最高的健身步道作为研究的测试路线，并根据研究内容在测试路线上选取9个典型的景观空间截面作为测试点，测试路线及测试点的分布如图3-3所示。

表3-1 健身步道使用人数统计表

路线	1	2	3	4	5
路线图					
使用人数	17	60	35	49	26

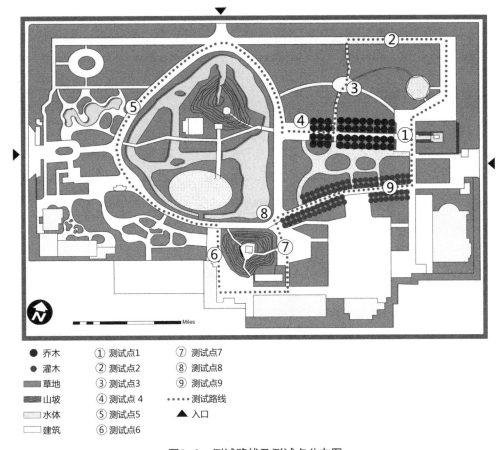

图3-3 测试路线及测试点分布图

3.2.4 典型景观空间及测试点选取

本书第6章关于典型植物群落空间特征与微气候效应关联机理的实证研究，以哈尔滨斯大林公园为研究对象，该公园始建于1953年，位于松花江南岸，东起松花江铁路大桥，西至九站公园，全长1750m，与"太阳岛"风景区隔江相望，总占地面积10.5hm²，是顺堤傍水建成的带状开放式的公园，公园宽度70～120m不等[61]。

本书研究团队在2017年5月10日～12日对斯大林公园内部主要（＞10株）的植物类型进行调查，得到公园整体植物分布情况（图3-4）。斯大林公园植物群落以落叶乔木为主。从公园现状照片可以看出，公园的各种类乔木变化较为平缓，表明乔木种类分布较为均匀。其中，落叶乔木以加杨、榆树和旱柳为主，以行列式种植于公园人行路旁；常绿乔木则以樟子松、云杉和油松为主，种植方式以群植（针阔叶混交林）为主，搭配稠李、拧劲槭、紫丁香、金叶女贞等小乔木和灌木构成了公园整体植物群落配置结构。

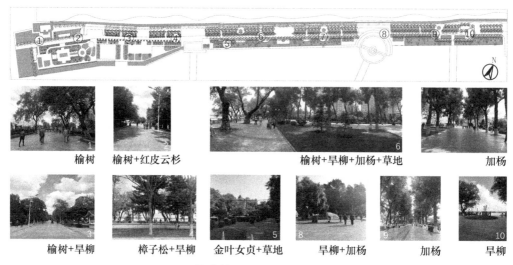

图3-4　斯大林公园平面及植物群落现状

　　根据斯大林公园整体植物分布和植物种类特征的调研,选取不同结构特征、布局特征和形态特征的植物群落作为模拟研究的样本。以50m长度截断性选取群落场景,各群落宽度为70m。选取的样本群落平面图和群落在公园中的具体分布如图3-5所示。对比选取样本群落的分布情况,发现各群落与水体的距离、与水体的风向关系均相同,且各群落内部微气候环境受水体的影响相同。因此本研究排除了场地的滨水边界特性,仅提取斯大林公园的群落空间特征作为数值模拟研究的样本参照,研究结果具备一定的地域普适性,得出的设计结论适用于寒地所有带状公园绿地规划。

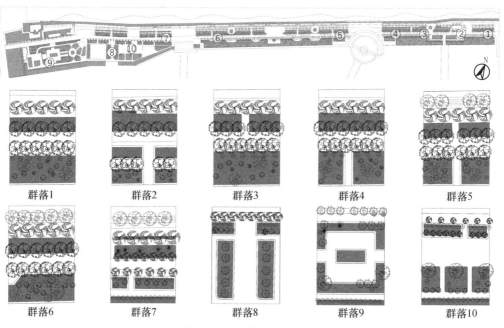

图3-5　斯大林公园样本群落场景及分布

3.3　数据采集与分析

目前微气候数据的获取主要采用现场实地测量与计算机模拟两种方法。现场实地测量作为微气候领域最为基础和普遍应用的方法，不仅有着较强的灵活性与选择性，而且由于可以精准获得场地一手气候数据资料，因而在微气候预测模型验证上也发挥着重要的作用[62]。实地测量可划分为定点测量与移动测量。定点测量可根据其观测频率划分为长期定点测量、季节性定点测量与短时定点连续观测三类。但由于定点观测需要投入大量人力与设备，少量的观测点难以反映区域面积内大气物理量在时间和空间上的分布，因此，移动测量与GPS相结合打破空间界限的研究方法应运而生[63]。

计算机数值模拟是以计算机软件为载体，用数值算法模型来量化实地气候状况的研究方式。此法可作为实测法的补充，在实测条件难以达到、变量要素较难控制等条件下，为微气候研究提供准确且稳定的数值模拟与预测。目前，常用的数值模拟软件有RayMan、CFD、ENVI-met等。其中，RayMan主要用于小气候舒适度指标生理等效温度（PET）的计算[64]；CFD则着重以各种离散化的数学方法，对微气候中流体力学的各类问题进行数值实验、模拟和分析，以解决各种实际问题[65]；ENVI-met能够全面考虑空间布局、地表材质、太阳辐射、植被覆盖等多种因素，模拟不同空间小气候环境，并加以预测、分析[66]。

3.3.1　数据实地测量采集

1.实地测量原则

为避免外界因素对实验结果的干扰，保证微气候测量结果的精准性和有效性，微气候测量仪器的布置应遵循以下原则[52]。

（1）尽量减少人群健身活动的热量排放对微气候测量产生干扰

人群流动及进行一系列活动强度较大的活动时，人体散热会对周围环境的温度、风速产生影响，虽然实验目的在于了解健身行为与微气候的适应性关系，但测量仪器应尽量避免放置于密集的健身活动组团内部，以保证微气候测量结果的精准性。

（2）保证受测下垫面特性及仪器布置高度一致

在进行微气候测量时，应尽量保持各测试点受测下垫面特性及仪器布置高度一致，减少其他因素对实验结果的影响，以及外界环境差异所产生的影响与误差。因此，本研究统一将测量仪器放置于健身活动场地硬质铺装处，各数据采集点离地高度1.1m。

（3）确保测试时间的唯一性

同一季节中，日气象变化虽然具有一定的变化规律，但不同时日的气象变化也存在一定的差异，因此在实验测量时，应确保同一实验方案不同测点在同一时日内的进行，以确保整体气象环境背景的一致性。

2.微气候定点测量

（1）温度、湿度及风速数据采集

本书实证研究温度、相对湿度及风速数据的采集，采用Testo435多功能测量仪，以1分钟为基准自动采集（表3-2）。其中，根据ASHRAE Standard 55规定，受访者为坐姿时，测量仪器需放置于离地0.1m、0.6m及1.1m处；受访者为站姿时，则需放置于离地0.6m、1.1m、1.7m处。1.1m处为正常人胸部部分，不论坐站或任何活动时该测量高度最为合理，因此本研究选择将测量仪器固定于离地1.1m处。测试前所有仪器均经过校准测量精度一致（表3-3）。

表3-2　测试仪器精度表

微气候因子	仪器型号	仪器精度	采集频率/方法
温度	Testo435多功能测量仪	± 0.3℃	1分钟/自动采集
相对湿度		± 2%RH（2%～98%RH）	
风速		±（0.03m/s+4%测量值）	
太阳辐射	JTR05太阳辐射测量仪	7～14mV/（kW·m^{-2}）	

表3-3　多功能测量仪架设图

观测点	观测点1复合健身广场	观测点2乔木灌木林	观测点3松林大道
仪器架设图			
观测点	测试点4健身器械场地	测试点5建筑前庭	测试点6集会广场
仪器架设图			

（2）太阳辐射数据采集

本书实证研究均采用建通JTR05太阳辐射仪（图3-6）采集观测点总太阳辐射数据。该仪器是专门测量室外太阳辐射强度气象数据的仪器，可自动采集、显示、记录数据，

最小测量时间间隔为1min，测量时需固定在三脚架上，以方便测量。在测试过程中，太阳辐射的入射角度会随着时间的变化而变化，因此，植被树冠阴影位置及大小也会随着太阳入射角度的变化而变化，所以在对遮阴区各点进行总太阳辐射数据采集时，需要根据树冠阴影的位置变化而移动太阳辐射仪位置，以确保太阳辐射仪在测量读数时位于树冠阴影下。当日照区作为对照点时，需保证全天无阴影遮盖，因此对照点的太阳辐射仪无须移动。其中，测试周期及时段与温湿度及风速数据采集方法保持一致，采样时间设定为1min一次，设备放置于三脚架上离地1.1m处。

图3-6　太阳辐射数据采集仪器架设图

3.微气候移动测量

本书第5章关于路径空间景观形态特征与微气候效应关联机理的实证研究，采用移动测量的方法进行数据采集。移动测量是在机动车上装配GPS以及其他数据采集设备，在车辆匀速行驶的过程中快速采集道路地理空间信息和其他空间属性数据的一种测量方法。与固定测量相比，移动测量可适用于大面积的多点测量，突破了固定测量对人力、物力、财力要求的局限，广泛用于城市热环境的研究中，而极少有应用于小尺度景观空间的研究。移动测量最大的弊端在于长时间的测量导致数据存在异时误差，当测量的空间范围较小，测量时间控制在30min内时，异时误差即可忽略不计。因此，相较于大尺度的城市环境，移动测量的方法更适用于小尺度景观空间的多点测试[60]。

本测试采用德国Testo435多功能测量仪进行温度、湿度以及风速的采集，采用建通JTR05太阳辐射仪进行太阳辐射的采集，选用集思宝GPS数据记录器进行地理信息数据的采集。将三者开始记数的时间设为测试开始时间，记数的时间间隔均设为1次/10s。为保持仪器稳定，将多功能测量仪与太阳辐射仪固定在距地面1.5m的手推车上。移动测量过程中，车速控制在0.5m/s以下，尽量保持匀速行驶，以减小风速对测试结果的影响，并且在每处测试点停留5min以等待测试结果记录稳定后继续前进（表3-4）。

表3-4　移动测试仪器基本功能与精度

工作内容	设备/软件	型号/版本	基本功能/精度
景观特征数据采集	红外线测距仪	尼康1000AS	测量600m以内目标的高度与角度
	手持激光测距仪	德国BOSCH	测量150m内的目标距离
地理信息数据采集	集思宝GPS数据记录仪	G330	采集点、线、面等GIS空间数据；定位精度<3~5m（2D RMS）
温度、湿度、风速数据采集	多功能测量仪	Testo435	按照设定的时间间隔记录空气温度值、相对湿度值和风速；温度测量精度±0.3℃；相对湿度精度±2%RH（2%~98%RH）；风速精度±（0.03m/s+4%测量值）
太阳辐射数据采集	建通太阳辐射仪	JTR05	精度7~14mV/(kW·m²)
数据处理	Google Earth	5.0	制定观测线路阶段的辅助参考；移动测量线路的空间显示；数据分析时地理位置的空间参考
	GIS软件ArcMap	10.2	将空间微气候信息配准到线路上
	SPSS	19.0	微气候因子差异显著性分析

3.3.2　数值模拟方法

本书第6章关于典型植物群落空间特征的微气候效应关联机理的研究主要利用ENVI-met软件模拟、分析群落三维空间微气候因子的变化和差异。

1.ENVI-met软件特点及数值模拟方法

（1）ENVI-met软件简介

ENVI-met模拟软件是由德国美因茨大学地理研究所Michael Bruce教授带队开发的微环境模拟的软件[67]，适用于城市环境中表面-植物-空气之间相互作用的动态模拟研究。软件以流体动力学和热力学方程组为基础，可以对户外空间环境内的空气流动、植物与周围环境的热交换等过程进行模拟。ENVI-met模拟软件空间网格的分辨率为0.5~10m，属于中小尺度的数值模拟模型，软件的时间量级介于24~48h之间，具有较高的时间解析率，最多可达10s。

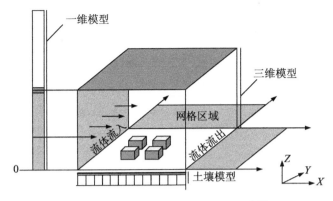

图3-7　ENVI-met软件的模型架构[69]

在模型构建方面，ENVI-met采用一维模型（垂直边界模型）和三维模型（三维主模型、土壤模型）相结合的模型构建方法[68]（图3-7）。一维边界模型用于沟通垂直方向上2500m高的大气边界和三维主模型边界，从而实现二者之间边界条件的延续与转换，确保主体模型运行的准确性。三维主模型为建筑、植被等构成的实际模拟场景；土壤模型为不同类型的下垫面，包括不同类型的土壤、硬质铺装和水体等。

（2）ENVI-met软件操作流程

ENVI-met操作界面简洁友好，需要定义的边界条件较少，可以根据实际情况在植被数据库和地表类型数据库中进行相应修改。模拟软件的输入文件包括三个部分：一是模型输入文件（aera input file），可对模拟区域进行建模和定义；二是数据库文件（database file）；三是主配置文件（configuration file）。各类型文件包含不同的输入内容，表3-5为各类型文件需要输入的具体内容。图3-8为软件整体的操作流程，文件数据库建立后即可运行模型，经过模拟运算后软件计算输出的内容包含：空气温度、相对湿度、风速、风向、下垫面及建筑表面温度、MRT（平均辐射温度）、PMV（预测平均感觉指标）等，ENVI-met数值软件目前的版本为4.1（参见http://www.envi-met.com）。

表3-5　各模型文件的输入内容

文件类型	输入内容
主配置文件（.CF）	输入输出路径、模拟起止时间、模拟时长、起始时间地理位置； 初始温度场（起始温度值、起始温度时间）； 风场（10米高风速、综合风向）；云量； 湿度场（2米高相对湿度、255米高含湿量）； 植物、污染源等各种子模型的详细设置
数据库文件（.DF）	地层结构、土壤类型、植物形态特性和污染物排放形式
模型输入文件（.NX）	网格个数、网格精度、地理坐标、指北针角度； 建筑区位和分布、植被分布（不同类型）； 土壤材质、污染物设置

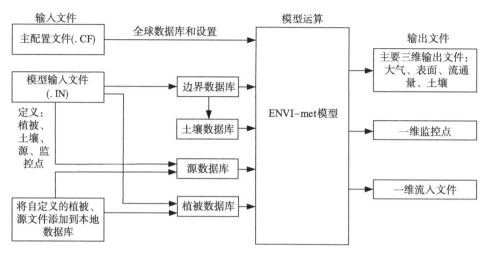

图3-8　ENVI-met 4.1软件运行流程示意图[67]

（3）ENVI-met软件植物子模型建构

ENVI-met软件由多个子模型组成（包含大气、土壤、植物、建筑物等子模型等），每个子模型都包含多个控制方程，各子模型之间协同作用完成整个模拟过程。由于软件运行涉及的控制方程较多，公式复杂冗长，因此，根据本研究的核心内容，本节将重点介绍ENVI-met数值模拟软件中植物子模型的构建方法及其主要控制方程[70]，以展示ENVI-met数值模拟软件对三维植物体模型的构建和植物群落三维空间的模拟实验[61]。

ENVI-met内置植物模型板块——Albero，可以依据场地实际的植被条件在该植物数据库中进行三维模型的构建。Albero是储存植物基本生理参数、形态特征的数据库，库中模型以叶面积密度（leaf area density，LAD）表示不同高度层的枝叶密度，以根面积密度（root area density，RAD）表示植物不同深度根系直径和数量，原始数据库中已经包含了一些欧洲地区常用的植物模型，在模拟之前需要根据当地树种进行数据更新和模型重建。在新版ENVI-met软件（ENVI-met 4.1版本）中，更新了Albreo数据库中的植物建模功能，植被具备了更为丰富的三维结构，其建模原理是植物高度和冠幅尺寸将植物体划分为多个1m³大小的单元格，用户可通过输入植物体积量、分层LAD值、RAD值和分枝高度等重要特征参数，实现对草本或是高大乔木等三维模型的构建。此外，Albero数据库中还包含植物的其他生理参数，如气孔率、叶片类型（针叶或阔叶）、植物类型（C3或C4）以及叶片反射率等。

由于植物三维模型通过输入实际的LAD值来实现植物的三维信息录入，因此LAD值的获取成为模型建立准确性的关键，就目前的研究表明，LAD值实测获取较为麻烦，许多学者提出了不同的LAD的计算方法，其中有摄像法、通光量计算法等。Laliche等人提出了较为简单的计算方法，即通过公式（3-1）对LAD值进行换算，该方法只需输入少量的植株参数便可计算出LAD值[70]。公式中的L_m、z_m一般可以通过查阅当地植物资料集获取，而在已知LAI值的情况下，也可直接通过公式（3-2）进行LAD值换算。

$$L(z) = L_m \left(\frac{h-z_m}{h-z} \right)^n \exp\left(\left[n\left(1 - \frac{h-z_m}{h-z}\right)\right]\right), \quad n = \begin{cases} 6, & 0 \leqslant z < z_m \\ 0.5, z_m \leqslant z < h \end{cases} \quad （3-1）$$

$$\mathrm{LAI} = \int_0^n L(z)\,\mathrm{d}z = \int_0^h L_m \left(\frac{h-z_m}{h-z} \right)^n \exp\left[n\left(1 - \frac{h-z_m}{h-z}\right)\right]\mathrm{d}z \quad （3-2）$$

式中，LAI为叶面积指数；L为叶面积密度（LAD）；h为植株高度；z为分层的厚度。

（4）ENVI-met模拟试验输出数据处理方法

模拟实验结束后，需要对输出的微气候数据进行相应处理，将微气候因子数值转化为图像，方便数据对比和分析。根据本研究的分析内容，数据处理可分为两方面：一方面从原始文件夹中找到监测点（receptors）子文件夹导入到Excel 2013中，分析得出微气候因子的日变化规律对照图。另一方面将气象数据（atmosphere）文件夹带入到模型自带的数据处理软件LEONARDO 2014中，该软件将温度、湿度和风速值按照不同色块等分为多份，得到植被群落内部水平（$x\text{-}y$）或垂直（$y\text{-}z$）空间的微气候矢量图以及气象参数的二维色块分布图。

2. ENVI-met软件在植物微气候领域应用

ENVI-met软件开发至今，在城市环境方面已得到广泛应用，为模拟植被方面微气候的变化提供了一个很好的平台。就植物微气候领域而言，大量国内外学者研究了城市绿地、住区绿地和社区街道绿化等对温度、湿度及风速等微气候环境的影响，并取得了一定的成果[14,71,72]，依据国内外研究的重点不同，可以将当前运用ENVI-met软件模拟中小尺度植物空间的研究分为以下三类。

（1）绿化对建筑组团外环境的影响研究

ENVI-met模型应用于社区建筑组团、居住小区等绿化体系的研究是由建筑方向对房间和单体建筑等小尺度的气候适应性及节能研究和规划方向对建筑布局、街道布局等中尺度城市微环境模拟研究发展而来的。随着对城市绿化体系生态建设的重视，绿化对社区、住区等中尺度空间内的微气候环境影响研究在国内外得到广泛开展，宋培豪对校园生活区绿地进行了ENVI-met数值模拟研究，分析了集中式绿地和分散式绿地两种绿地布局方式产生的风、温、湿等微气候环境因子之间的差异[73]。马晓阳采用ENVI-met数值模拟软件对不同配置和种类的绿地进行了模拟研究[74]。Limor等通过实地观测结合ENVI-met数值模式的方式研究了广州典型小区不同下垫面类型对于微气候因子的影响[75]；曹利娟等进行了绿地对居住区室外热环境的改善效果研究，结果表明绿化面积、绿化类型对居住区热环境具有不同的改善效果[76]。秦文翠等使用ENVI-met模拟软件，分析了北京居住小区有无屋顶绿化对小区内微气候因子的影响[77]。陈卓伦采用ENVI-met模型研究了绿化体系对湿热地区（以广州为例）建筑组团室外热环境的影响，分析得出了适合于湿热地区绿化的植物种类、下垫面材料和构造以及数值模拟研究最适合的模拟精度、边界条件类型和垂直网格形式的选择[78]。

（2）城市公共空间三维植被场景（植物群落）模拟

以植被为构成空间的主要甚至唯一要素进行的数值模拟研究是国外研究的重点内容，Skelhorn等采用实测结合ENVI-met模拟校验的方法，分析由ENVI-met软件构建的六个不同绿量三维绿色场景，研究植物对英国曼彻斯特某区域空气温度和地表温度的影响，得到了绿化率与空气温度和地表温度之间的关系[79]。Gabriele等模拟研究了巴西三个典型城市街道五种城市绿化场景，利用ENVI-met模型对每个场景的平均辐射温度、相对湿度、空气温度、表面温度和风速进行分析[80]。Wesam等对埃及开罗校园相同庭院内不同模式和类型的树木种植方式对微气候环境的影响进行了研究，该研究利用ENVI-met的软件假设了不同庭院植物种植方式，为城市气候敏感性景观设计提供理论依据，具有一定的实践意义[81]。国内方面，詹慧娟等人采用数值模拟与实地测量相结合方法探讨了ENVI-met软件在模拟三维植被场景方面的实用性，对比分析了不同植物种群的降温增湿效益。李彬等同样采用实地测量与ENVI-met软件对植物空间结构温湿度在不同时间段的阶梯变化进行了实测与模拟，探索了乔草结构、裸露草地、灌草结构与乔灌草结构4种植物空间结构与空气温度、相对湿度等影响要素的关系，指出植物空间结构对缓解城市高温机制有着不同的效果[82]。

（3）植物形态特征单因子模拟

国外研究非常注重对单体植物（乔木为主）形态特征的解析，考量植物枝叶密度、冠幅、分枝高度等形态特征因子对微气候的影响。从数值模拟角度出发，LAI（叶面积指数）和LAD（叶面积密度）是两个定义植物形态特征的重要参数，同时也是ENVI-met数值模拟软件在进行植被三维空间构建时输入的最重要参数，因此国内外学者针对这两个因子对植物单体的微气候因子的调节能力展开了广泛研究。埃及开罗的Mohamad等人利用ENVI-met模型中的植物子模型作为模拟平台，利用LAI来探讨树木对热环境的影响，探讨城市气候适应性规划下适宜种植的植被种类[83]。Shahidan等则评估了单株和群落树木由于具有不同的LAI和LAD值产生的改善城市微气候的不同功效[84]。国内方面，王琪模拟评估了西安地区不同分枝高度、树冠形状和LAI值的乔木对室外热环境的影响[85]，王进喜使用ENVI-met软件和CFX软件模拟对照的方法分析了灌木调节风速、温度和湿度的性能。

目前对于ENVI-met软件的应用以软件适用性校验和实际场地模拟为主，研究多为根据某地区已建成的室外空间环境进行的三维微气候模拟，缺少对于模拟场景其他可能性的假设研究，或是排除干扰因素后提取模型的研究，而ENVI-met软件的研究优势之一就是能够自由建模，可以采用控制变量法进行场地模型的优化和构建，对比不同空间特征植物群落内部微气候因子的变化差异。

因此，本书第6章在实际群落三维场景微气候效应分析的基础上，又对其他群落空间配置的可能性提出假设，对比分析了多组空间特征群落的微气候效应差异，增强了研究的实用价值，为指导城市小尺度绿地空间气候适应性设计提供理论依据和数据支持。

3.3.3　数据分析方法

1.定点数据分析

大量实证研究通常运用统计分析软件SPSS对实验数据进行处理及分析，其中包括描述性统计法、单因子方差法及相关性分析，为研究提供科学的数理统计依据[52]。

（1）描述性统计方法

描述性统计方法是统计数据分析的第一步，通过对原始数据加以整理做统计分组及频数分析制成图表形式，并就其分布特征进行计算以揭示其集中趋势或离散趋势，进而对原始数据进行基础性叙述。

本书第4章关于公园休闲活动空间景观特征与微气候效应关联机理的研究，利用描述性统计分析方法，以最小值（MIN）、最大值（MAX）、均值（AVG）代表数据集中趋势特征，以标准差（SD）代表数据离散程度特征，对休闲活动及微气候原始数据进行基础分析，旨在揭示寒地城市公园休闲活动的时空分布特征以及活动空间景观特征及其微气候特征的时段性变化规律。

（2）单因素方差分析

在两组以上组别数据的差异检验众多分析方法中，单因素方差分析能够判断控制变量是否对观察变量产生显著影响，同时多重比较检验则可进一步确定控制变量的不同水平对观察变量的影响水平。其中Scheffe法（$P=0.05$）是单因素方差分析中事后多重比较的方法之一。其优势在于，当进行任意多组比较时，该方法可以对其对比数据中所有可能的配对组合进行同步的配对比较，而不单纯是配对均值的比较，同时拥有严格的校正功能，较为适用于本研究。其检验差异显著性的评价指标为P值，其均值差的显著性水平为0.05，当显著性值$P<0.05$时表示差异性显著。

因此，在描述性统计分析之上，实证研究进一步利用单因素方差分析中的多重比较Scheffe法（$P=0.05$），对休闲活动主体与微气候的适应性分析，即活动主体的微气候偏好差异，以及休闲活动强度与微气候的适应性分析，即活动强度场地微气候选择差异，进行差异显著性分析。

（3）相关性分析

在SPSS数理统计分析软件中，相关性分析可通过数量分析的方法将客观事物之间的相关性呈现出来，了解客观事物之间的相互关系，揭示事物之间的统计关系强弱程度。当两变量不符合双变量正态分布的假设时，本书实证研究采用Spearman秩相关对休闲活动时长与微气候因子的适应性关系进行分析，以探索微气候因子对活动时长影响的线性

强度关系。其中，秩相关系数r_s又称为等级相关系数，$r_s>0$表示两变量间存在线性正相关关系，$r_s<0$表示两变量存在线性负相关关系，$|r_s|>0.8$表示两变量之间具有显著线性关系，$|r_s|<0.3$表示两变量之间线性关系较弱。显著性（双测）P值是检验两变量之间秩相关系数是否存在显著关系的重要评价标准。当P值小于0.01则判定两变量间总体间存在显著的线性关系。

2. 移动数据处理与分析

（1）原始数据标准化处理

原始数据标准化处理是将GPS与微气候多功能测量仪以及太阳辐射仪的数据导成适合处理的数据格式并检查其完整性，初步判断数据的可处理性。GPS与微气候多功能测量仪的记数间隔设置均为10s记录一次数据，太阳辐射仪因仪器设置为1min记录一次数据。根据仪器的不同记数间隔，列出该时间段内的所有时刻的微气候因子数据与地理信息数据，根据相同的时间字段，将线路上各测点的经纬度坐标和该测点处的温度值一一对应起来整理出一个Excel表，确保GPS上每点的微气候因子的数据与地理信息数据均一一对应。

（2）微气候数据同时性修订

移动测量引起的微气候误差主要包括三方面：异时测量所引起的微气候数据的误差，空间信号缺失所引起的空间数据缺失以及仪器在移动过程中产生的物理误差。其中，空间数据缺失主要存在于隧道、立交桥等信号不好的地方，因本实验的测试场地在城市公园内，信号较好，GPS测试的数据结果基本不存在因信号缺失而引起的数据误差，而仪器在移动过程中的误差可以通过完善实验设计与实验者的操作来尽量减小，故本实验测试数据的误差主要由测试的异时性引起的。

移动测量微气候数据同时性修订的方法主要根据固定测试点处微气候测试结果拟合出移动测量期间微气候随时间变化的关系式，然后利用此关系式对流动观测线路上各测点进行时间反向订正，使之统一到一个基准时刻[86]。

根据固定测点的测试结果拟合出的回归模拟方程为[87]：

$$F(x)=aX_n+bX_{n-1}+\cdots+cX+d \qquad （3-3）$$

式中a、b、c、d为系数，n为移动测量的数据个数，因固定观测的数据自动记录时间也为10s，故n也为固定观测数据个数。设测试的计数时刻对应序号为i，T_{zi}表示利用回归模拟方程计算出的各时刻的空气温度模拟值。将不同时刻移动测量值代入式中，得到第i时刻的模拟值T_{zi}，它对应于移动测量范围内所有空间位置上的一系列值：

$$T_{zi}=F(x)=aX_n+bX_{n-1}+\cdots+cX+d \qquad （3-4）$$

每一时刻健身步道测试得的空气温度以T_{mi}表示，修正后的空气温度以T_{si}表示，计算修订到第i时刻的修订差值：

$$\Delta T_{si} = T_{zi} - T_z(i) = F(x)i - T_z(i) \tag{3-5}$$

其中$T_z(i)$为第i时刻的空气温度模拟值，是一个已知固定值。修订计算得到第i时刻健身步道温度修订值为：

$$T_{si} = T_{mi} - \Delta T_{si} \tag{3-6}$$

由此可对所测得的微气候因子数据进行同时性修订。

（3）微气候数据与地理信息数据拟合

将校正后的微气候数据与GPS地理空间信息数据进行拟合，关键在于应利用二者同时记录的时间字段，将健身步道上相同时间字段的各点的经纬度坐标和该测点处的微气候值一一对应起来，由此最终整理出一个时间点、地理信息点与微气候因子均一一对应的表格，将其导入GIS中即可进行数据拟合，最终可获得健身步道微气候场信息。以健身步道上午温度分布情况为例，GIS拟合过程如图3-9所示：左侧为温度图例，不同颜色代表不同的温度范围，由此可以直观的反应上午健身步道的温度场的分布情况。

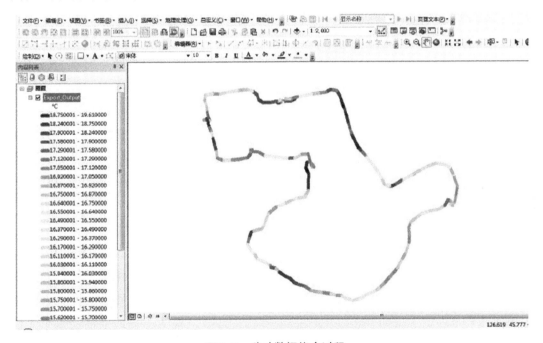

图3-9 移动数据拟合过程

第4章 公园休闲活动空间景观特征与微气候调节

城市公园作为服务公共健康的重要绿色基础设施，对于提高城市居民休闲活动水平至关重要。其中，城市公园并非一致性物理环境，局地微气候特征除受区域性物候条件影响外，亦会受到植被冠层遮蔽程度、覆盖率等植被群落特征影响。随着极端气候条件对城市公园休闲活动水平的冲击，如何利用植被群落形态特征的微气候调节机理，营造气候舒适的城市公园休闲活动空间，激发休闲活动意愿、增强活动水平，成为提高城市公园公共健康效能的首要问题。

本章针对寒地城市长期受不利气候影响带来的城市公园日利用率下降等问题，于寒地城市早春时节4~5月（2016年4月18日~22日、2016年5月9日~13日），依据天气预报随机选取10d无云晴好天气，且排除大型节假日或其他特殊活动出现人潮的情况，以免影响研究结果的精准性与普适性，分别对哈尔滨兆麟公园六个高聚集活动场地的活动水平（活动主体、活动时长、活动强度）进行连续观测（图4-1，表4-1）。同时，对各数据采集点典型植被群落特征，即群落结构特征（群落覆盖率、群落绿量比）和群落形态特征（群落冠层郁闭度、

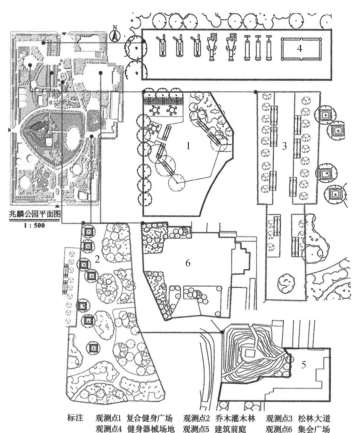

兆麟公园平面图
1:500

标注	观测点1 复合健身广场	观测点2 乔木灌木林	观测点3 松林大道
	观测点4 健身器械场地	观测点5 建筑前庭	观测点6 集会广场

图4-1 观测点平面图

冠层距地高度）进行量化描述（表4-2），以期在利用行为注记图揭示休闲活动时空分布特征基础上，以微气候环境为媒介，建立寒地城市公园植被群落物质环境、微气候物理环境及休闲体力活动三者联动机制（图4-2），旨在利用植被群落微气候调节效应，提出多视角的气候适应性休闲活动空间设计策略。

表4-1　休闲活动水平采集

采集内容	活动主体			采集方法
	0～5岁低龄儿童	35～64岁中壮年群体	65岁及以上老年群体	行为注记
活动类型	静坐休憩 ｜ 育儿	棋牌 ｜ 太极拳 ｜ 操舞	毽球 ｜ 健身器械	行为注记
活动强度	<3METs 低强度	3≤METs<6 中低强度	≥6METs 中等以上强度	体力活动能量消耗编码表
活动时长	0～30min短时活动	30～60min中长时活动	≥60min长时活动	调查问卷

表4-2　观测点植被群落特征

观测地点	植被群落结构特征		植被群落形态特征	
	群落覆盖率	群落绿量比	乔木层郁闭度（鱼眼镜相片）	乔木层高度
观测点1 复合健身广场	40.9%	乔（落叶）-灌-草型 0.35：0.18：0.47	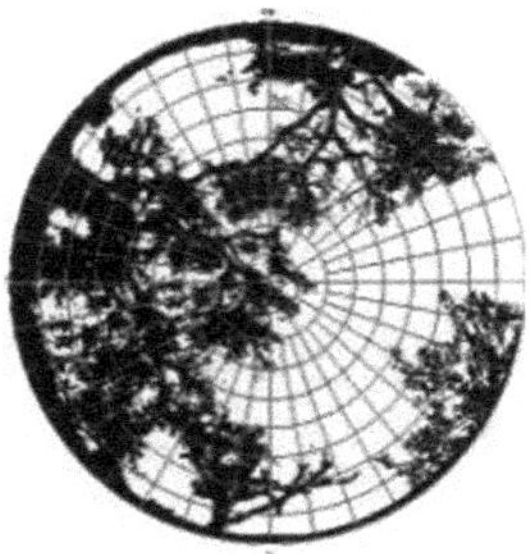 SVF=0.498	7.00m±1.00m
观测点2 乔木灌木林	71.9%	乔（落叶）-灌-草型 0.44：0.36：0.20	 SVF=0.486	9.50m±1.00m

观测地点	植被群落结构特征		植被群落形态特征	
	群落覆盖率	群落绿量比	乔木层郁闭度（鱼眼镜相片）	乔木层高度
观测点3 松林大道	47.6%	乔（常绿）-草型 0.53：0：0.47	 SVF=0.416	11.50m±1.00m
观测点4 健身器械场地	31.6%	灌-草型 0：0.71：0.29	 SVF=0.718	2.65m±0.50m
观测点5 建筑前庭	15.3%	灌-草型 0：0.85：0.15	 SVF=0.688	1.85m±0.50m
观测点6 集会活动广场	12.6%	灌-草型 0：0.88：0.12	 SVF=0.923	2.10m±0.50m

图4-2　休闲活动与植被群落微气候效应调节机理

4.1　休闲活动与微气候效应适应性

4.1.1　休闲活动主体与微气候多样适应

乍暖还寒的早春季节是各年龄层休闲活动逐渐活跃的气象阶段。其中，低龄儿童由于身体处于成长阶段、耐受性差，其休闲活动时空分布特征与微气候效应关联显著，低龄儿童活动人次占比随着微气候效应的增强而上升；而中壮年群体与老年群体时空分布特征与微气候效应的关联呈现显著的时段性差异（图4-3）。

初温阶段是老年群体进行晨练健身行为频率最高的时段。由于晨练健身行为属于有组织的经常性与必要性活动，因此老年群体活动人

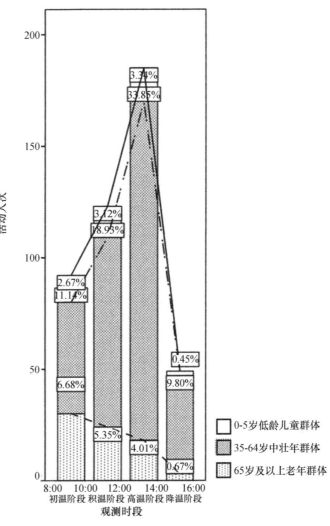

图4-3　活动主体人次变化趋势

次的日变化趋势具有显著的时段性特征，其活动特征并未随微气候效应产生移动变化；同时，其活动人次随微气候的改变表现出下降趋势。积温与高温阶段，低龄与中壮年群体活动人次大幅上升，以中壮年群体尤为显著（图4-4）。该时段内，活动人次主要集中在植被群落层次丰富的观测点1，以及配有活动器械与运动设施的观测点4，观测点5建筑前庭由于建筑物与植被冠层的覆盖导致该处活动人次最低。

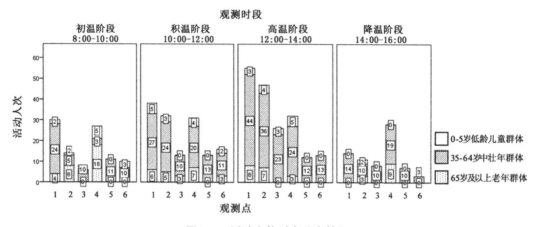

图4-4   活动主体时空分布特征

4.1.2   休闲活动强度与微气候主动适应

相同强度的休闲活动具有聚集性、群体性，并对微气候具有主动选择及适应性关系（图4-5）。其中，以育儿、棋牌、太极拳等低、中低强度活动为主导，且其活动人次的日变化趋势趋同。初温、积温阶段，低、中低强度活动人次随温度的升高大幅度增加，并于高温阶段达到峰值，随后于降温阶段骤然下降，以观测点1复合健身广场为例最为显著（图4-6）。中等以上强度活动人次的日变化趋势明显差异于其他两类活动。初温、积温阶段其活动人次有小幅度增加，并于高温及降温阶停留在较为稳定的活动状态。

4.1.3   休闲活动时长与日照效应

初温阶段，无高大乔木冠层遮挡且充分接受太阳辐射的观测点，如观测点4及6，其初始活动时长平均可停留在30~60min，而受植被冠层遮阴作用影响的观测点1~3相较而言充分接受日照处活动时长略低10min。高温阶段，受温度及太阳辐射的影响，活动停留时间上升，可持续在75~90min左右，而遮阴处各测试点的活动停留时间平均在45~60min。降温阶段，各测试点的停留时间均有所下降，平均下降幅度在30min内（图4-7）。

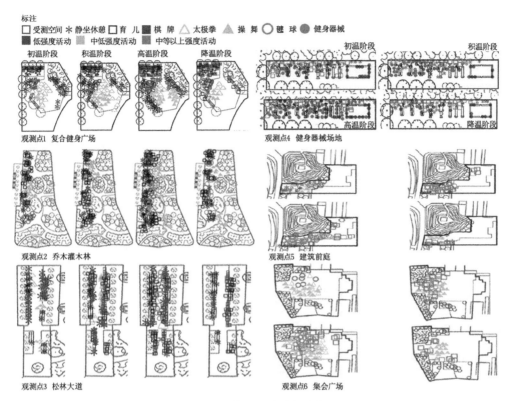

图4-5 休闲活动时空分布图

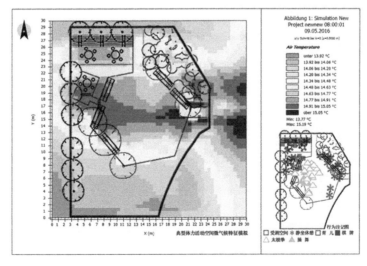

图4-6 观测点1休闲活动时空分布与微气候效应对照图

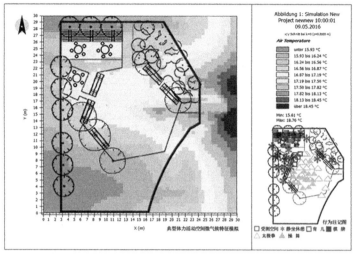

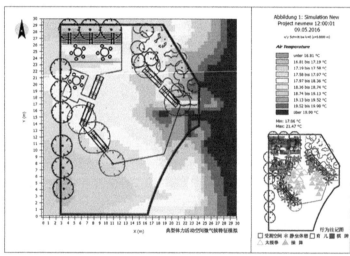

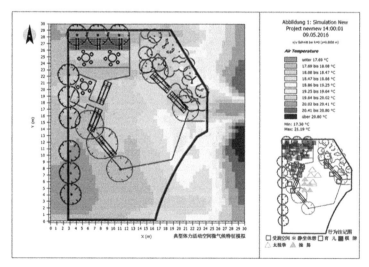

图4-6 观测点1休闲活动时空分布与微气候效应对照图（续）

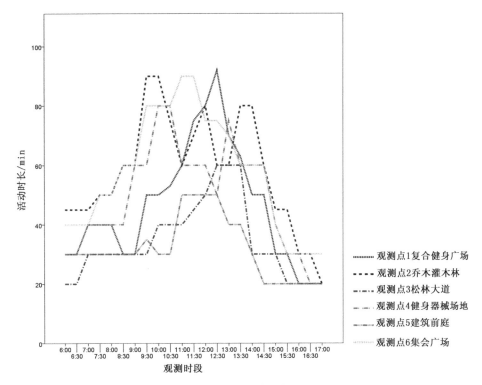

图4-7　活动时长变化趋势

4.2　休闲活动与微气候适应性调节机理

4.2.1　活动主体与微气候适应性时段性差异

根据不同年龄活动主体在每个观测点的活动百分比（表4-3），设置聚集地对照点，探究活动人次与微气候因子的相关关系。总活动人次与太阳辐射、温度呈显著正相关，与风速呈负相关，关联强度如下：太阳辐射＞温度＞风速（表4-4）。其中，低龄儿童与老年群体活动人次，与湿度及风速呈显著负相关，关联强度如下：温度＞太阳辐射＞风速＞湿度。中壮年群体活动人次仅与太阳辐射、温度相关。

表4-3　不同年龄活动主体聚集地对照点

年龄群体	对照点	人次占比/%
低龄儿童	1复合健身广场	62
	2乔木灌木林	42
中壮年群体	3松林大道	84
	5建筑前庭	60
老年群体	4健身器械场地	90
	6集会广场	54

表4-4　活动人次与微气候因子相关性分析

活动人次	空气温度/℃	相对湿度/%	风速/（m/s）	太阳辐射/（W/m²）
总活动人次	0.535**	−0.327	−0.515*	0.627**
低龄儿童	0.838**	−0.497*	−0.655**	0.698**
中壮年群体	0.357*	−0.186	0.142	0.394*
老年群体	0.673**	−0.353*	−0.612**	0.587**

*相关性在0.05层上显著（双侧）；**相关性在0.01层上显著（双侧）。

1.低龄儿童群体微气候偏好时段性差异

太阳辐射量是激发低龄儿童进行休闲活动的首要因素。虽然太阳辐射量可以带来温暖舒适的温度条件，但由于低龄儿童耐受能力较低，高温状态对低龄儿童的活动有一定的阻碍作用。同时，风速加大在一定程度上加快体表的散热机制，因此，风速是影响低龄儿童健身行为活动效率的又一影响因素。

低龄儿童群体对微气候偏好的时段性差异显著（表4-5）。初温阶段，各微气候因子处于初始且均衡的状态，各群体间的温湿度以及太阳辐射偏好不存在显著差异，低龄儿童群体可接受的风速较中壮年群体低0.5m/s。积温阶段，低龄儿童群体对太阳辐射量的需求高于中壮年群体18.3W/m²，其温度偏好高于中壮年群体2.24℃。高温阶段，低龄儿童群体的太阳辐射需求高于中壮年群体40.35W/m²，但其温度偏好却低于中壮年群体4.56℃。降温时段，由于温度及太阳辐射量的降低以及风速的增加，低龄儿童群体的微气候偏好较为敏感。

表4-5　低龄儿童群体微气候偏好时段性差异多重比较

参数类别	对照组	初温时段	积温时段	高温时段	降温时段
温度/℃	中壮年群体	0.420	2.235*	−4.555*	3.030*
	老年群体	0.607	−0.010	−0.596	0.065
相对湿度/%	中壮年群体	−0.135	0.020	−2.013*	−6.355*
	老年群体	0.015	−0.030	−0.550	−1.630*
风速/（m/s）	中壮年群体	−0.528*	0.003	0.088	−0.843*
	老年群体	−0.024	−0.051	0.041	−0.110
太阳辐射/（W/m²）	中壮年群体	0.200	18.300*	40.350*	4.800
	老年群体	−3.950	13.150*	−2.850	−0.200

*均值差的显著水平为0.05；当显著性值$P<0.05$，表示两者均有显著性差异。

2.中壮年群体微气候偏好时段性差异

中壮年群体的微气候偏好呈现出显著的时段性差异特征。由于其生理调节机能较为成熟，对各微气候因子的耐受性及其接受弹性均高于其他活动主体，尤其以耐风性及耐湿性最为显著，其耐风性及耐湿性高于低龄儿童群体0.53m/s及6.36%（表4-6）。高温及降温阶段，中壮年群体各微气候因子偏好均显著差异于其他群体。高温时段，中壮年群体所在活动场地温度高于其他群体4.56℃，降温时段反之。

表4-6　中壮年群体微气候偏好时段性差异多重比较

参数类别	对照组	初温时段	积温时段	高温时段	降温时段
温度/℃	低龄儿童群体	−0.420	−2.235*	4.555*	−3.030*
	老年群体	0.187	−2.245*	3.959*	−2.965*
相对湿度/%	低龄儿童群体	0.135	−0.020	2.013*	6.355*
	老年群体	0.150	−0.050	1.463*	4.725*
风速/（m/s）	低龄儿童群体	0.528*	−0.003	−0.088	0.843*
	老年群体	0.503*	−0.054	−0.046	0.733*
太阳辐射/（W/m²）	低龄儿童群体	−0.200	−18.300*	−40.350*	−4.800
	老年群体	−4.150	−5.150	−43.200*	−5.000

*均值差的显著水平为0.05；当显著性值$P < 0.05$，表示两者均有显著性差异。

3. 老年群体微气候偏好时段性差异

老年群体生理调节机能减弱，对温度及太阳辐射的需求与低龄儿童趋同，但对微气候各因子的敏感程度及耐受性较高于低龄儿童，尤其体现在风速及太阳辐射方面（表4-7）。其中，老年群体所在空间温度积温阶段高于中壮年群体2.25℃，高温阶段低于中壮年群体3.95℃，表现出喜热而不耐热的微气候偏好。湿度与风速方面，由于风速增大加速体表散热，降温时段老年群体对风速的耐受性低于中壮年群体0.73 m/s，耐湿性低于中壮年4.73%。

表4-7　老年群体微气候偏好时段性差异多重比较

参数类别	对照组	初温时段	积温时段	高温时段	降温时段
温度/℃	低龄儿童群体	−0.607	0.010	0.596	−0.065
	中壮年群体	−0.187	2.245*	−3.950*	2.965*
相对湿度/%	低龄儿童群体	−0.015	0.030	0.550*	1.630*
	中壮年群体	−0.150	0.050	−1.463*	−4.725*
风速/（m/s）	低龄儿童群体	0.024	0.034	−0.041	0.110
	中壮年群体	−0.503*	0.034	0.046	−0.733*
太阳辐射/（W/m²）	低龄儿童群体	3.950	−13.150*	2.850	0.200
	中壮年群体	4.150	5.150	43.200*	5.000

*均值差的显著水平为0.05；当显著性值$P < 0.05$，表示两者均有显著性差异。

4.2.2　活动强度与微气候差异化选择

依据各观测点活动强度所占百分比，将其划分为3组活动强度聚集地（表4-8），进行各活动强度聚集地微气候偏好特征的差异显著性分析（表4-9）。随着休闲体力活动强度的增加，各活动主体对其活动场地微气候特征的温湿度需求越强、敏感性越增强。其中，以棋牌、太极拳等为主的低强度及中低强度活动聚集地的微气候特征差异趋同，且呈现出较强的耐风性（差值0.072～0.514m/s）及耐湿性（差值5.611%～6.997%）。阴凉、通风的微气候特征有助于激发低强度、中低强度活动人次的增加及其代谢量的增长。以键球、健身器械为主的中等以上强度活动聚集地，太阳辐射量需求明显高于低强度活动（差值194.26～208.83W/m²）。高湿及风速对人体体表散热的阻碍作用，使得低风、低湿、高日照的微气候特征有利于诱发中等以上活动强度的增加。

表4-8　休闲活动强度聚集地对照点

活动强度类型	对照点	活动强度/%
低强度活动聚集地	2乔木灌木林	65.5
	3松林大道	88.1
中低强度活动聚集地	1复合健身广场	45.4
	6集会广场	59.4
中等以上强度活动聚集地	4健身器械场地	80.7
	5建筑前庭	46.5

表4-9　休闲活动强度聚集地微气候特征差异显著性分析

对照强度类型		空气温度/℃	相对湿度/%	风速/（m/s）	太阳辐射/（W/m²）
低强度	中低强度	−0.202	1.385[*]	0.441[*]	−14.567
	中等以上强度	−1.413[*]	6.997[*]	0.514[*]	−208.834[*]
中低强度	低强度	0.202	−1.385[*]	0.072	14.567
	中等以上强度	−1.210[*]	5.611[*]	0.514[*]	−194.260[*]
中等以上强度	低强度	1.413[*]	−6.997[*]	−0.514[*]	208.834[*]
	中低强度	1.210[*]	−5.611[*]	−0.072	194.266[*]

*均值差的显著水平为0.05；当显著性值P<0.05，表示两者均有显著性差异。

4.2.3　活动时长与微气候因子分异化适应

不同活动时长与微气候因子适应性调节机理具有显著差异。短时活动下，活动时长与温度及太阳辐射呈显著正相关；中长时活动下，活动时长与温度和太阳辐射呈正相关、与风速呈负相关。随着活动时间的延长，风速增大加快了人体表面散热，人体耐热性下降。长时活动下，活动时长与温度（R^2=0.567）和太阳辐射（R^2=0.365）呈显著正相关、与风速（R^2=0.364）呈显著负相关（表4-10）。微气候因子对活动时长的控制能力及规律性明显高于其对活动人次的影响。高日照、低风、微暖的微气候条件有利于诱发活动时长的延长。

表4-10 活动时长与微气候因子相关显著性分析

活动时长	温度/℃	相对湿度/%	风速/（m/s）	太阳辐射/（W/m²）
<30min短时活动	0.611**	0.587	0.955	0.462**
30~60min中长时活动	0.638*	0.775	−0.613*	0.616*
≥60min长时活动	0.559**	0.616	−0.625**	0.793**

*相关性在0.05层上显著（双侧）；**相关性在0.01层上显著（双侧）。

4.3 休闲活动空间植被群落特征与微气候调节机理

通过多重比较Scheffe法（P=0.05）将各观测点植被群落特征数据根据不同比较分析内容汇总（表4-11），揭示出不同休闲活动空间植被群落形态特征的微气候调节机理。

表4-11 对照观测点及比较分析内容

比较分析内容	对照观测点	
植被群落结构特征——植被覆盖率的微气候调节机理	观测点2	高覆盖率——71.9%
	观测点4	中覆盖率——31.6%
	观测点6	低覆盖率——12.6%
植被群落结构特征——群落绿量比	观测点1	乔（落叶）-灌-草型 0.35：0.18：0.47
	观测点2	乔（落叶）-灌-草型 0.44：0.36：0.20
	观测点3	乔（常绿）-草型 0.53：0：0.47
	观测点4	灌-草型 0：0.71：0.29
植被群落形态特征——乔木灌木层郁闭度微气候调节机理	观测点2	高郁闭度——落叶乔木冠层 SVF=0.357
	观测点3	高郁闭度——常绿乔木冠层 SVF=0.416
	观测点4	中郁闭度——灌木冠层 SVF=0.718
	观测点6	低郁闭度——灌木冠层 SVF=0.923
植被群落形态特征——乔木灌木层高度的微气候调节机理	观测点2	落叶乔木层高度 9.50m±1.00m
	观测点3	常绿乔木层高度 11.50m±1.00m
	观测点4	灌木层高度 2.65m±0.50m

4.3.1　植被群落覆盖率微气候调节机理

植被覆盖率指场地单位面积上的绿化率，同时也是评价场地平面结构上植被复合程度的重要评价标准。表4-12所示的植被覆盖率的微气候调节多重比较研究结果表明：植被覆盖率的微气候调节作用主要集中在温湿度方面，呈现出植被覆盖率越高降温增湿效果越明显的趋势。植被生长期内，高植被覆盖率的观测点2乔木灌木林较低覆盖率的观测点6集会广场的最大温差为5.61℃，最大湿度差为12.56%。由于低植被覆盖率的场地中硬质铺装面积加大，大量吸收太阳辐射，其与高覆盖率的场地最大太阳辐射差值为107.6W/m²。

表4-12　植被覆盖率微气候调节的多重比较差异

观测点序号		温度/℃	相对湿度/%	风速/（m/s）	太阳辐射/（W/m²）
观测点2	观测点4	−3.068*	8.160*	0.016	18.000
	观测点6	−5.614*	12.562*	−0.454*	−89.600*
观测点4	观测点2	3.068*	−8.160*	−0.016	−18.000
	观测点6	−2.546*	4.402*	−0.470*	−107.600*
观测点6	观测点2	5.614*	−12.562*	0.454*	89.600*
	观测点4	2.546*	−4.402*	0.470*	107.600*

*均值差的显著水平为0.05；当显著性值$P < 0.05$，表示两者均有显著性差异。

4.3.2　植被群落绿量比微气候调节机理

绿量比是评价植被群落结构多样性与丰富度的重要标准。不同植被群落绿量比的微气候调节存在显著差异（表4-13）。乔-灌-草复合式植被景观结构特征的降温增湿能力明显高于低矮的灌-草结构。乔木主导的复合化植被群落结构越丰富，其在增湿降温以及对风速的拦截方面效果最明显，其最大降温效用可达6.67℃，最大增湿13.32%。高大乔木的叶片不仅具有强烈的蒸腾作用，叶片对于拦截太阳辐射、缓解极端天气状况、创建舒适的休闲活动空间的物理环境具有重要的意义。同时，不同植被形态特征的微气候调节机理不同进而产生局地温差，形成风环流，增加空气流速，因此，复合化的植被群落结构有利于在极端气候条件下弹性控制物理环境温湿度保持在一定的变化幅度内，避免出现极端的升温增湿或降温减湿对人体生理热能的极端获取或丧失产生影响。

其中，同结构类型不同绿量比对比结果表明，其微气候调节性能并无显著差异。同结构类型下落叶乔木与常绿乔木微气候调节对比结果显示，常绿乔木的降温冷却及对太阳辐射的拦截性能相较于落叶乔木更低，同时，其冠层对风速具有一定的拦截作用。

表4-13　植被群落结构微气候调节的多重比较差异

观测点序号		温度/℃	相对湿度/%	风速/（m/s）	太阳辐射/（W/m²）
观测点1	观测点2	−0.021	2.094	−0.041	6.000
	观测点3	−2.345*	3.583	0.160*	97.666*
	观测点4	−6.667*	13.322*	−0.424*	−109.000*
观测点2	观测点1	0.021	−2.094	0.041	−6.000
	观测点3	−2.324*	1.489	0.201*	91.666*
	观测点4	−5.645*	11.227*	−0.383*	−115.000*
观测点3	观测点1	2.345*	−3.583	−0.160*	−97.666*
	观测点2	2.324*	−1.489	−0.201*	−91.666*
	观测点4	−5.321*	9.738*	−0.584*	−206.666*
观测点4	观测点1	6.667*	−13.322*	0.424*	109.000*
	观测点2	5.645*	−11.227*	0.383*	115.000*
	观测点3	5.321*	−9.738*	0.584*	206.666*

*均值差的显著水平为0.05；当显著性值$P<0.05$，表示两者均有显著性差异。

4.3.3　植被群落冠层郁闭度微气候调节机理

植被冠层的微气候调节能力取决于冠层的覆盖面积以及冠层密度，而郁闭度是评价冠层覆盖面积及其密度的重要指标。郁闭度代表植被冠层对场地的围合程度以及遮蔽程度，而遮蔽程度直接影响微气候各因子的变化趋势（表4-14）。通过植被冠层郁闭度增加场地的遮阴比率，对缓解场地不良气候条件有显著作用。高大乔木冠层可在场地上层空间形成连续的绿色屏障，不仅阻挡反射了太阳的直接辐射，同时也减少了场地硬质铺装对长波辐射的吸收。低矮的灌木冠层只能对场地周边界面进行围合，而难以在场地顶面对太阳辐射进行拦截。高大乔木冠层的遮蔽效用阻挡场地直接吸收太阳辐射，同时在与叶片蒸腾的共同作用下产生了显著的降温增湿效应，易于产生局地温差进而形成局地风环流，一定程度上推动风速的增加。

同等郁闭度条件下，落叶乔木与常绿乔木的降温增湿作用以及对风速、太阳辐射的拦截作用无显著差异。高郁闭度环境下的环境温湿度及太阳辐射量明显小于低郁闭度环境。其中，以乔木冠层与灌木冠层的降温增湿效能差异最为明显，其植被生长期两者最大温差为6.52℃，最大湿度差为19.89%，同时，乔木冠层对太阳辐射的拦截作用较灌木冠层高186.20W/m²。

表4-14　植被群落形态郁闭度微气候调节的多重比较差异

观测点序号		温度/℃	相对湿度/%	风速/（m/s）	太阳辐射/（W/m²）
观测点2	观测点3	0.062	0.286	−0.012	−5.400
	观测点4	−3.194*	10.572*	−0.028*	−182.200*
	观测点6	−6.520*	19.888*	−0.082*	−186.200*
观测点3	观测点2	−0.062	−0.286	0.012	5.400
	观测点4	−3.256*	10.286*	−0.016	−176.800*
	观测点6	−6.582*	19.602*	−0.070*	−180.800*
观测点4	观测点2	3.194*	−10.572*	0.028*	182.200*
	观测点3	3.256*	−10.286*	0.016	176.800*
	观测点6	−3.326*	9.316*	−0.054*	−4.000
观测点6	观测点2	6.520*	−19.888*	0.082*	186.200*
	观测点3	6.582*	−19.602*	0.070*	180.800*
	观测点4	3.326*	−9.316*	0.054*	4.000

*均值差的显著水平为0.05；当显著性值$P < 0.05$，表示两者均有显著性差异。

4.3.4　植被群落乔木灌木层距地高度微气候调节机理

乔木灌木层高度的微气候调节多重比较差异结果显示：同等高度下的落叶乔木及常绿乔木的微气候调节性能无明显差异，但高大乔木层高度与低矮灌木层差异显著（表4-15）。植被乔木层在一定程度上加速了植被冠层下空气的流通、加速场地散热。植被高度与植被冠层对场地的冷却增湿效用呈现出相辅相成的作用。

温度方面，由于高大乔木可以在上空气层对场地形成连续阴影，遮蔽太阳辐射，进行光合作用，而低矮的灌木丛只能对场地进行界面的围合而难以在场地顶面形成拦截太阳辐射的屏障，因此，在植被生长期，观测点4健身器械广场无高大乔木覆盖、直接接受太阳辐射，较观测点2乔木灌木林温度高2.88℃、湿度低12.62%。风速方面，虽然灌木丛对场地界面的围合对风有一定的阻挡作用，但相较高大灌木层并不明显，其最大风速差异为0.23m/s；太阳辐射方面，其最大差值为123.8W/m²。

表4-15　乔木灌木层高度微气候调节的多重比较差异

观测点序号		温度/℃	相对湿度/%	风速/（m/s）	太阳辐射/（W/m²）
观测点2	观测点3	−0.012	0.086	−0.036	0.800
	观测点4	2.884*	12.616*	−0.230*	−123.800*
观测点3	观测点2	0.012	−0.086	0.036	−0.800
	观测点4	2.896*	12.530*	−0.194*	−124.600*

观测点序号		温度/℃	相对湿度/%	风速/（m/s）	太阳辐射/（W/m²）
观测点4	观测点2	−2.884*	−12.616*	0.230*	123.800*
	观测点3	−2.896*	−12.530*	0.194*	124.600*

* 均值差的显著水平为0.05；当显著性值P＜0.05，表示两者均有显著性差异。

4.4　公园休闲活动空间气候适应性设计导则

上述实证研究证实，公园休闲活动与微气候特征关联显著，研究成果可为未来的寒地城市公园休闲活动空间设计提供科学客观的基础理论依据。在休闲活动主体或活动强度的微气候偏好较敏感、活动时长与微气候相关性较高的情况下，活动空间景观设计应着重考虑可以完善行为主体结构、增强活动强度、延长休闲活动时长的微气候因子参数及植被群体特征，以微气候适应性原则为主导，优先满足不同年龄段及不同活动强度群体对休闲活动空间的微气候需求，将寒地城市公园休闲活动空间的社会功能、审美功能与微气候物理空间的适应性原则紧密结合。对此，本节分别提出以下寒地城市公园休闲活动空间气候适应性设计导则。

4.4.1　激发全年龄的气候适应性休闲活动空间设计

1.低龄儿童及老年群体休闲活动空间气候适应性设计

低龄儿童及老年群体由于对温度及太阳辐射需求较高且耐热、耐风性较差，存在对低风高日照微气候物理环境的需求。高郁闭度的乔木冠层对温度及太阳辐射具有一定的冷却及阻挡作用，因此，高大乔木冠层植被并不适合于低龄儿童及老年群体活动的健身空间。同时，受其对风速敏感性的影响，可利用低矮的灌草结构增加场地周边的围合性，不仅可在一定程度上对风速进行阻挡，同时起到增加植被覆盖率、增强植被降温增湿效用的目的。此外，对于老年群体，由于其休闲活动具有一定的聚集性、经常性、群体性且活动时间较长等特征，人工遮阴与自然遮阴相结合的方式对延长其活动时长将具有显著影响。

2.中壮年群体休闲活动空间气候适应性设计

就中壮年群体的微气候偏好而言，由于其生理调节机能较为成熟，对各微气候因子的耐受性及接受弹性均高于其他健身群体，尤其以耐风性及耐湿性最为显著，该群体的休闲活动空间无需过多微气候环境的营造手段，但仍应该利用复合化的植被群落结构创建更为适宜的休闲活动空间。

4.4.2 延长活动时长的气候适应性休闲活动空间设计

由于不同植被形态特征的微气候调节机理不同进而产生局地温差，复合化的植被群落结构有利于弹性控制环境温湿度保持在一定的变化幅度内，减缓出现室外环境升温增湿、降温减湿对人体生理热能的获取或丧失产生，进而对延长休闲活动时长具有一定的积极作用。

4.4.3 增强活动强度的气候适应性休闲活动空间设计

1.育儿、棋牌、太极拳、操舞等为主导的低强度及中低强度休闲活动空间设计

针对此类活动场地具有低温、通风的微气候特征偏好，高大乔木为主导的复合化植被群落结构是最佳的配置选择。该群落结构可利用高大乔木冠层，在场地上层空间形成连续的绿色遮蔽屏障，对太阳辐射进行拦截并发挥出强大的降温增湿效能。同时，高耸的乔木冠层距地高度，促使其冠层下易于形成开敞的通风网络。灌草结构与高大乔木冠层的组合增加了群落结构的复合性与稳定性，并对乔木冠层的降温增湿及通风性能具有强化作用。

2.健身器械、毽球等活动为主导的中等以上强度休闲活动空间设计

针对此类活动场地具有低风、低湿、高日照的微气候特征偏好，高大乔木冠层并不适用。无高大冠层遮蔽的灌草结构，可有效接受大量太阳辐射、提高活动场地温度，又具有一定通风除湿效能，成为最适宜的群落结构配置。

第5章　路径空间景观形态特征的微气候调节

城市公园的路径空间是由地形、植物、建筑物、构筑物、绿化、小品等组成的景观空间形态，是公园景观的廊道，路径网络是组织公园各功能分区的"骨架"。

从现代城市公园的发展史可以看出，随着工业革命工人阶级登上历史舞台，原属于贵族的公园才得以全面开放，刚开始其属性是偏游览性质的，公园内的各功能空间关系多采取串联式，因此路径主要起到引导游览、组织空间序列、展示景观等作用。这一时期，城市公园路径空间设计的美学占主导地位。随着现代化的发展，居民在公园中的主要行为由游览模式转为休闲模式，公园路径空间又成为人们休闲、交往的重要场所。城市公园路径空间适宜的微气候可以鼓励居民进行更多的户外休闲活动，因此路径空间的微气候设计成为现代城市公园空间设计的一个重要方面。

本章以寒地城市哈尔滨的兆麟公园路径空间为测试场地，选择晴朗无云的三日，使用移动测量方法采集路径空间的微气候因子与地理信息数据，通过GIS拟合得到路径空间的微气候特征图，揭示兆麟公园路径空间春季典型日测量路线微气候因子变化规律。同时，将路径空间典型断面微气候因子与实测景观形态特征数据进行相关性分析，阐释景观空间形态特征对路径空间微气候因子的形态调节机理。

本研究采用实地观察与调查问卷方法，对公园内5条常用健身步道的使用人数进行统计（表5-1），随后采用叠图法筛选出一条使用频率最高的健身步道为测试路线。在测试路线上选取9个典型景观空间截面作为测试点。测试点布置及实地照片如图5-1所示。

表5-1　健身步道使用人数统计

路线	1	2	3	4	5
路线图					
使用人数	17	60	35	49	26

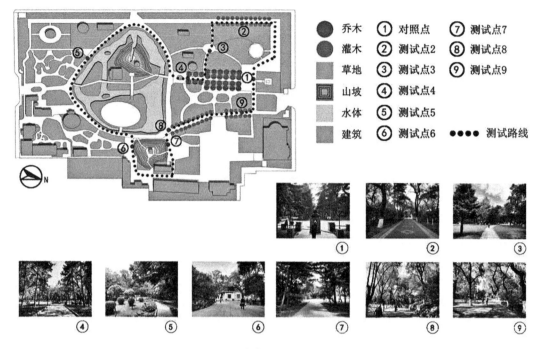

图5-1 测试路线及测试点分布图

测试季节选在春季，主要原因有2个：首先，4月为寒地城市居民每年开始频繁户外健身的时间点，有研究表明，春季健身步道微气候特征助于延长寒地城市居民运动的时间。其次，春季气候早晚变化显著，相较于其他季节更容易观察微气候变化规律。由于寒地春季气候特点为风大、干燥、温差大，而太阳辐射对于春季户外活动的影响较小，因此本研究选择温度、湿度和风速作为微气候特征的研究对象。测试的具体时间选在2016年4月27日～29日，每天在居民使用健身步道频率最高的3个时间段（8:00～8:30、12:00～12:30、16:00～16:30）以移动测量的方法进行微气候实测，每次移动测量时间为30min，测试仪器每隔10s自动记录一次微气候数据。

移动测量是在机动车上装配数据采集设备，在车辆匀速行驶的过程中快速采集道路地理空间信息和其他空间属性数据的一种测量方法。该方法广泛用于城市热环境研究的定量分析，但应用于公园小尺度空间的测量研究较少。微气候数据采集的记数时间间隔设为10s，测点高度为距地面1.5m处。为保证移动过程的稳定性，将仪器固定在手推车上，车速控制在0.5m/s以下，尽量保持直线匀速行驶，以减小行走风速对测试结果的影响，并且在每处测试点停留5min以等待测试结果趋于稳定后继续前进。

实测数据包括三部分：景观形态特征信息数据，健身步道微气候数据以及健身步道地理信息数据（表5-2）。将不同时间段内健身步道的微气候数据与地理信息数据拟合得到不同时间段内健身步道的温度、湿度、风速效应图，进而对健身步道温度、湿度和风环境进行整体分析，并结合各测点分布对测点微气候环境进行比较分析，初步分析其原因。

表5-2 路径空间各测试点景观特征信息采集表

测试点	路径空间特征	路径空间特征参数
1	硬质铺装	材质：铺地石，面积=33306m²
2	灌木林地	空间形态：灌木高度/路宽=2.7m/6m=0.45
3	草地	草地面积=71998m²，草地高度=0.036m
4	乔木林地	空间形态：乔木高度/路宽=10.3m/4m=2.58，种植密度=0.2棵/m²
5	水体（上风向）	河道宽=11m，水面积=96787m²，空间方位角：−30°
6	山体（南坡）	海拔=17m，坡度=32%，空间方位角：0°
7	山体（北坡）	海拔=17m，坡度=21%，空间方位角：180°
8	水体（下风向）	河道宽=11m，水面积=96787m²，空间方位角：150°
9	灌木林地	空间形态：灌木高度/路宽=3.5m/3m=1.17

5.1 路径空间景观元素的微气候调节效应对比

通过GIS软件将实测得到的微气候数据与地理信息数据相整合，可以得到路径空间微气候因子的线性变化图。路径空间微气候的线性变化图整体描述了在整个测试中路径空间微气候的总体变化趋势，并直观反映出路径空间各微气候因子与景观特征的关系，便于研究者结合场地信息对路径空间的微气候进行整体全面的分析。本研究整理出4月27日～29日三日的微气候因子在路径空间上的线性分析图。结果发现，测试三天的微气候因子的线性变化基本一致。以下以29日的数据为例分析兆麟公园路径空间各测试点的微气候变化规律。各测试点空间分布如图5-1所示。

5.1.1 路径空间的温度效应

温度是对人体舒适度的影响最为直接，也是较容易被人感知的微气候因子。在气象学中，通常将距离地面1.5米高的百叶箱中的温度表测得的温度作为衡量空气温度的指标。温度是由所处环境的宏观地理位置和气候所决定，受太阳辐射、建筑布局、植被种植、下垫面特性、城市污染以及人工热源等多个因素影响，即便在同一区域，以上因素的差异也会造成温度上有所不同。

通过对兆麟公园的实地测量拟合出兆麟公园路径空间温度线性变化图。如图5-2所示，在8:00～8:30测试时段中，温度最高的为测试点3（草地），温度最低的为测试点8（水的下风向），该时间段内各测试点温度差异较小（≤0.1）。观察12:00～12:30时段路径空间的温度线性动态变化图发现，各测试点温差幅度增大，测试点4（乔木）与对照点的温差可达5.02℃，各测试点温度顺序略有变化，由低到高依次是乔木林<北坡<水下风向<灌木密林<水上风向<灌木疏林<南坡<草地；16:00～16:30时段温度差又趋

于减小，最大温差不超过0.46℃，受太阳西落的影响，场地西北部出现高温点，各测点温度由低到高依次为水下风向＜乔木林＜灌木密林＜水上风向＜南坡＜北坡＜灌木疏林＜草地。

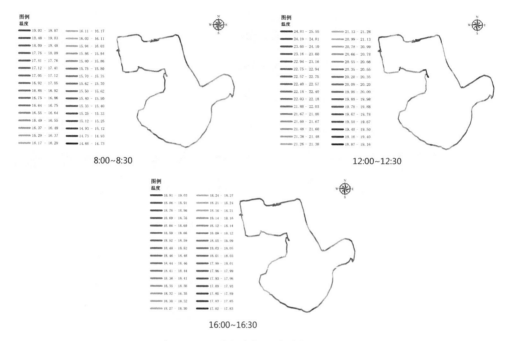

图5-2　2016年4月29日路径空间温度线性分析图（单位：℃）

纵观3个时间段的路径空间温度效应图，发现路径空间的高温主要出现在场地西北部，而低温主要出现在场地东部，这主要是由于西北部景观以草地和硬质铺装为主，而东部场地植被、水体等景观元素丰富，且有地形变化。各测点与对照点相比较均具有降温效果，植被的降温效果最为显著，水体、山体地形次之，其中植被和水体的降温效果均在正午达到最大值，主要是由于午间太阳辐射值大，促进了植物叶片的蒸腾作用和水体的蒸发冷却能效，而山体早晚的降温效果略强于中午，主要是由太阳高度角造成的。

5.1.2　路径空间的湿度效应

湿度用于表示在一定温度下一定体积空气里所含有的水蒸气量，常用的物理量有绝对湿度和相对湿度。湿度是影响人体舒适度的重要气候因子，人体感觉舒适的湿度是：相对湿度低于70%。通常情况下，湿度是一项不容易被人感知、判断的微气候指数，但是湿度可以通过气温间接获得，研究表明，一般同一天气情况下，气温与相对湿度关系成反比。影响湿度的因素较多，如城市的降水量、空间内水体的影响、植物的覆盖率、下垫面的透水性、气流的流通以及空间结构布局等。一般情况下，全年降水量较多的城市的湿度要高于全年降水量低的城市。在一个空间环境内，如果存在水体的话，那么该空间空气中含水量也会比较高；如果空间内有较多植物覆盖，植物的蒸腾作用可以提高环境湿度；下垫面的不透水性越强，地表的含水量越低，地面干燥，可蒸发的水分有限，从而湿度也会较低；建筑、街道的布局也影响空气的流通性，空气的流动会使环境的湿度有所改变。

以兆麟公园路径空间的湿度线性分析图（图5-3）显示，在8:00～8:30期间，场地湿度较高的地方主要分布在场地的东南部，水体下风向（测试点8）处的湿度显著高于上风向（测试点5）。湿度从测试点5起，随着路线向东北方向移动并逐渐增大，在水的下风向达到最大值，离开水体后随着测试点路线继续向北移后，湿度开始逐渐降低。12:00～12:30时段，场地湿度分布较均匀，湿度较高的测试点主要分布在场地的西部与东北部。观察水体周围的湿度分布可发现，水体西部的湿度略高于其他部分，可能由水体西部的喷泉所致，动态的水增大了周围的湿度值，湿度最大的2个测试点变为6和4。结合场地特征可知，在中午水蒸气蒸发速度急剧加快的情况下，测试点6和4均在场地形成一定程度的阴影，通过降温的方式降低水蒸气的蒸发速度，从而保持一定的空气湿度。在16:00～16:30的时段内，场地湿度分布较均匀，各测试点湿度值相差不超过1.2%，高湿度分布由东部转移到场地西部。测试点5的湿度值最大，上风向与下风向湿度相差0.51%。由3个时间段内的平均值可看出，早上场地的湿度最大，中午场地的湿度最小，早晨湿度大的测试点主要分布在场地的东南方向，中午开始向西北方向扩散，到下午则主要分布在西南方向。对比路径空间各测点湿度发现，路径空间湿度变化主要与场地水体的分布有关，故场地南部的湿度要始终高于场地北部；除水体外，还与植被和山体地形的阴影有关，在高温情况下，阴影对空气湿度的保持作用显著高于裸露水体。

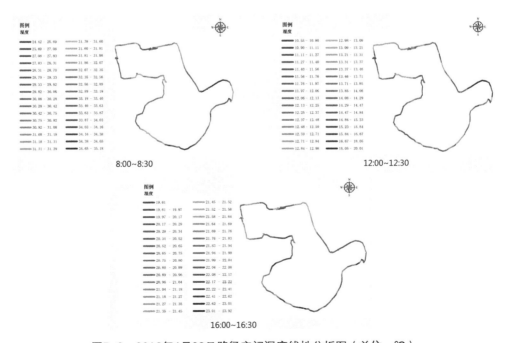

图5-3　2016年4月29日路径空间湿度线性分析图（单位：℃）

5.1.3 路径空间的风环境效应

风作为微气候的主要因子之一，主要具备三个基本属性，即风向、风速和风温，根据风的成因可以分为山谷风、街巷风、水陆风和庭院风，主要受地貌、地形、地势、水陆分布、下垫面、植物等因素影响。一般情况下，滨水地区、高地势区域的风速要高于内陆地区和低地势区域；建筑布局、街道走向以及下垫面性质与风向、风速的关系都十分密切，风受这些因素的影响易形成"狭管效应""风影效应""通道效应"等不良"风害"。

风环境对空间内温度和湿度的变化具有决定性作用，良好的通风不仅可以为温湿度带来变化，同时也可以提升该区域内各个微气候因子之间的动态平衡。在不同的气候区域和季节中，风所带来的影响和作用也会有所不同，例如在哈尔滨市，夏季良好的风环境会增加场所的舒适性，而冬季风环境的增强则会加剧冬季寒冷的不舒适性。因此，场地微气候的风环境设计应根据不同季节的需要而对风向进行正确的引导或阻碍。

哈尔滨兆麟公园路径空间3个时段的风环境情况如图5-4所示。从时间纵向来看，3个时间段的平均风速值相差不大，基本保持在1m/s左右。在不同测试点测得的风速值与对照点相比有增有减。风速的随机性较大，但从整体上看，测试点3在3个时间段内风速都有所增加，而测试7在所有时间段内风速都有所降低。其原因在于，场地的当日风向为西南风，测试点7南面的山体对风具有遮挡作用，进而降低了风速，测试点3为大面积草地，其上风向并没有太大的遮挡物，故而测试点3处的风速略高于参照点。由此可见，

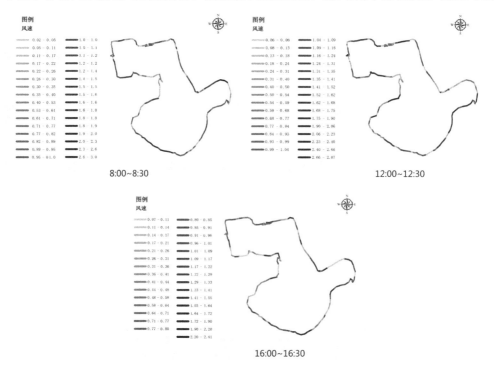

图5-4　2016年4月29日路径空间风速线性分析图（单位：℃）

山体地形和灌木对路径空间风速具的减弱作用较强，各景观元素对风速的衰减强度依次为：山体地形＞灌木＞乔木＞草地＞水体。

5.2　路径空间微气候效应的时间特征

根据以往的经验可知，城市的微气候在一天中随着太阳高度的变化而变化。而路径空间的景观特征对微气候因子的影响在不同时间段内的变化规律需要进一步的探讨。本节对路径空间在不同时间段上的微气候进行实测，通过数据分析路径空间及其各个测试点的微气候随时间的变化规律。

5.2.1　路径空间温度的时间特征

不同时间段内路径空间各测试点的平均温度对比如图5-5所示。由图可见，各测试点温度在三个时间段内具有显著的变化规律。测试点早晚温差最高可达9.31℃，从整体趋势上看，中午各测试的温度普遍要高于下午，下午高于上午。在同一时间段内，不同测试点温度变化幅度不同。中午各测试点的温度变化幅度最大，以该测试为例，最高温度与最低温度差达5.43℃；晚上各测试点温度变化幅度最小，最高温度与最低温度差不超过0.46℃。不同时间段各测试点的温度变化趋势不完全相同。上午与下午各测试点温度变化趋势一致，而在中午，某些测试点间温度值发生突变，与上午与下午的变化趋势显著不同。其中，中午12:00所测的2、3、4、5、7、8测试点的温度变化趋势与上午8:00、下午16:00所测试的结果截然不同。在上午8:00与下午16:00的测试中，测试点3温度降低，测试点4温度升高，测试点5温度再降低。而在中午12:00的测试中这三个测试点的温度变化趋势正与之相反，温度在测试点3处突然升高，在测试点4处降低，在测试点5处又继续升高。由此可以发现，在日照强度较大的情况下，树阴对路径空间具有显著的降温作用，故在中午测试点4温度显著低于测试点3；在上午与下午所有测试点中草地温度最低，而在中午草地温度最高，由此可知在景观特征中，草地对路径空间微气候的调节作用最小。

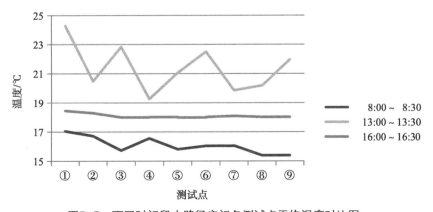

图5-5　不同时间段内路径空间各测试点平均温度对比图

5.2.2　路径空间湿度的时间特征

观察早中晚三个时间段的湿度变化图（图5-6）可发现，8:00各测试点的湿度最大，其次为下午16:00，中午12:00各测试点的湿度最小，早上与中午湿度值最多相差22.97%。进一步观察发现，三个时间段的测试结果中，8:00的各测试点湿度变化幅度最大，湿度最大值与最小值相差达6.88%；而16:00变化幅度最小，湿度最大值与最小值相差4.29%。不同时间段内路径空间的湿度变化趋势也并不相同，中午12:00路径空间的湿度变化趋势与下午16:00的湿度变化趋势基本一致，而上午8:00各测试点的湿度变化趋势却基本与之相反。由此可见，路径空间湿度在上午8:00与中午12:00之间发生了较大的变化，12:00之后各测试点湿度变化趋势没变，而之间的湿度差在逐渐缩小。

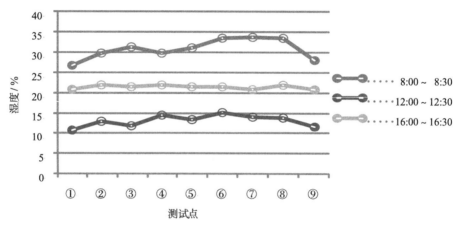

图5-6　不同时间段内路径空间各测试点平均湿度对比图

通过实测结果可以发现，在上午8:00的测试中水的下风向处湿度最大，除硬质铺装外灌木草地湿度最小，而在12:00与16:00的测试中水的下风向依然是整个路径空间湿度最大的测试点。处于水体下风向处的山坡测试点，山南坡的湿度要大于山北坡，早晚变化不明显，中午测试点6的湿度显著大于测试点7。三种植被类型对路径空间湿度的影响在不同时间段变化较明显：在8:00的测试中湿度顺序为草地＞灌木＞乔木，而12:00的测试结果恰恰相反。值得关注的一点是，测试点4（乔木）的湿度早晚变化幅度较大，在8:00的测试中测试点4是所有测试点中除硬质铺装外湿度最小的，而在12:00时测试点4却是所有测试点中除测试点6（水下风向）外湿度最大的测试点，由此可见，乔木对路径空间湿度具有显著的调节作用，且在不同时间段内的作用结果不同；草地的作用效果也较为显著，早上草地湿度最大，中午湿度最小。

5.2.3　路径空间风速的时间特征

观察兆麟公园路径空间在三个时间段的风速变化图（图5-7）可以发现：首先，在不同时间段内风速变化幅度不同。早上与中午风速在各测试点变化幅度较大，中午测得风速最大差值达1.43m/s；下午16:00测得的风速变化幅度小很多，风速最大差值为0.87m/s。其次，三个时间段内的风速变化趋势不尽相同，上午与下午风速在路径空间上的变化趋势基本一致，而中午的风速变化趋势却正与之相反。这一方面反映了不同景观特征对风速具有不同的影响，另一方面说明了温度在一定程度上影响风速。最后，不同时间段内，风速最大值出现的测试点不同。上午风最大的测试点为测试点3（草地），风速最小的测试点为测试点4（乔木）；中午风速最大的测试点为乔木，最小测试点为山北；下午风速最大的测试点为山南，风速最小测试点为山北。值得注意的是，乔木林测试点早晚风速的变化较为明显，上午与中午风速差值达1.59m/s。其原因在于，乔木的比较高大，在一定程度上与路径空间形成峡缝空间，在中午温度较高时，树阴所产生的冷空气与上空暖流相遇，加快了局部空气的流动速度，从而使路径空间风速变大；而在早晚温度降低时，空间温度差值变小，狭窄的空间不利于空气流通，从而使得风速降低。

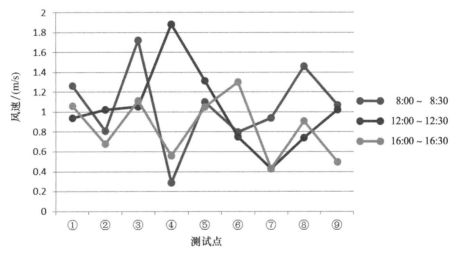

图5-7　不同时间段内路径空间各测试点平均风速对比图

5.2.4　太阳辐射分析

太阳辐射是影响环境热舒适的重要因素之一，山体与植被对阳光的遮挡是影响太阳辐射强度的主要方式。太阳辐射的衰减程度主要取决于树木特征，例如树叶覆盖面积。山体的不同方位对太阳辐射也起到一定程度的遮挡作用。而无论是树木冠层还是山体，对太阳辐射的衰减作用均随着太阳入射角的变化而变化，一般在中午12:00时太阳入射角达到最大值，太阳辐射的衰减度也达到最大值，随着太阳入射角的降低，太阳辐射的衰减程度也随之降低（图5-8）。

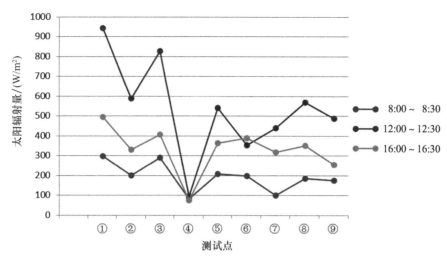

图5-8 不同时间段内路径空间各测试点平均太阳辐射强度对比图

如图5-8所示，可以观察到一天三个时间段内路径空间各测试点的太阳辐射强度具有显著的差异，但所有测试点在三个时间段内的变化趋势基本一致。中午12:00左右各测试点辐射强度达到最大值，上午8:00点左右各测试点的太阳辐射强度普遍低于下午16:00左右各测试点的太阳辐射强度。参考气象站全天太阳辐射记录结果，三个时间段的太阳辐射强度变化规律与其基本一致，说明测试结果符合客观的变化规律。另一方面则说明，不同景观特征对路径空间的太阳辐射的确有着明显的影响。不同景观特征对路径空间太阳辐射强度的影响，将在下面结合GIS分析结果以及SPSS的相关性分析而进一步说明。

5.3 路径空间景观形态特征的微气候效应调节机理

地形、水体与植被是最典型的三个景观元素。这三个元素不仅在视觉方面影响着景观的设计，也在微气候方面影响着景观的微气候设计。地形、水体与植被对微气候环境具有不同的调节机理。依据上文分析发现，山体的坡向、水与风向的方位、植被类型、植被疏密度是影响路径空间微气候变化的主要景观特征。以下通过SPSS软件对围绕地形、水体、植被景观特征选取的不同测试点进行最小差异性分析及双变量相关性分析，通过最小差异性分析来判断2个对照点的测试结果是否显著，然后通过双变量相关性分析进一步研究地形或水体的空间方位与微气候因子变化的相关性。

5.3.1 路径地形坡向特征与微气候调节机理

地形作为最典型的景观元素之一，不但在视觉上起到划分空间的作用，在物理环境的调节上也起着不可忽视的作用。园林景观设计中所谓"地形"是指垂直高度 10～100m、水平距离10～10000m范围内的小尺度起伏地形，其测量指标包括坡度、高度 以及朝向等。需要注意的是，在城市景观设计中所指的地形微气候与山地气候是有所区 别的：地形微气候的主要影响因素是坡地方位和地貌形态，而山地气候更多的受海拔高 度、坡山脉的走向等因素的影响。

影响气候特征的主要地形因素是坡向和坡度。不同的坡向和坡度一天所接收的太阳 辐射总量和日照时间不同；太阳辐射量的差异造成了山坡的温度差，进而形成不同的微 气候环境。山坡的坡向有东南西北之分，南北坡面存在着微气候（尤其是温度因子）的 差别。在北半球，北坡面所接收的太阳辐射比南坡面少，因此北坡面的温度远远低于南 坡面，且越近地表差别越大。坡地上的太阳辐射总量是坡地微气候形成的基础，不同方 位的坡度所受太阳辐射不同，导致坡地形成温度差，从而形成气流的挤压，形成坡地风 环境。研究者通过实测发现，坡向对坡地温度的影响与大环境的天气也息息相关。通常 情况下，南坡温度最高，北坡最低；坡向对温度的影响在晴天最显著，阴天其次，雨雪 天差异不大。据傅抱璞研究，向南坡地面最低温度比向北坡高2.3～2.8℃。不同坡向空气 温度由大到小顺序为西南坡、南坡、东南坡。

地形也可以显著地影响室外风环境，不同海拔的地形在改变近地层大气循环方向的 同时，结合坡度的温差效应，产生局部气流循环，影响着水平方向10km、垂直方向1km 以内的风环境。研究证明，在山地风环境中风速的改变与风向有关，在山坡坡脚处与山 坡背风面所测得的风速减弱了，而在山顶及两侧所测得的风速值得到加强。

地形不同，坡向的湿度主要受风速和坡地方位的影响。相关实测研究证明，向风坡 与背风坡底部的湿度最大，其次是山侧部分，山顶的湿度最小。在北半球，坡地湿度由 南坡向北坡逐渐增大。然而有研究者发现，坡地湿度的变化规律并不完全由坡向与风环 境决定，只有在气候干燥的情况下，坡地湿度由南向北逐渐增大；当气候较为湿润时， 坡地湿度则由南向北逐渐减小。

以南北向为坐标轴，以测试点6（正南坡）为起始点，以测试点7（正北坡）为终 点，以偏向角（θ）代表地形的坡向，通过坡向与微气候因子的相关性分析，进一步研究 山体地形坡向对路径空间微气候因子的影响规律。山体测试场地状况如图5-9所示。由坡 向与微气候相关性分析可知，山体坡面的角度与路径空间的温度、湿度都具有显著相关 性，其中山坡角度与路径空间的温度呈正相关，与湿度呈负相关，即随着山体的坡向由 南向北，山体的温度逐渐升高，湿度逐渐降低。观察比较3个微气候因子与山体坡向的相 关性R^2值：风速的R^2值最大，湿度的R^2值最小。这说明风速与山体坡向的相关性最大， 其次为温度，湿度与坡向的相关性最小。

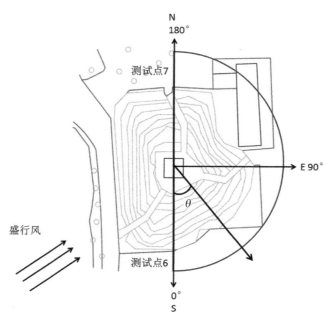

图5-9 山体测试场地状况图

5.3.2 路径水体方位特征与微气候调节机理

水体作为典型的自然景观元素之一，不仅在视觉上给人美感，还承载着生态调节与修复作用。同时，由于其具有热容量大、蒸发潜热大以及水面反射率小的特殊物理性质，国内外的学者开始认识到水体景观对城市微气候的调节作用。大量研究表明，水体景观是性能最好的制冷器，其以显著的微气候调节效用而被认为是城市开放空间被动散热最有效的途径。水体对微气候的影响主要体现在对温度、湿度、风速以及太阳辐射的影响上，其中受水体影响较为明显的微气候因子为温度与风速。

水体景观对空气温度的调节主要源自三个自身属性：反射作用、蒸发作用以及比热容性质。首先，因为水体的液态属性，射入水体的太阳辐射大部分被折射进水里，仅有小部分被反射回空气中，折射进水里的太阳辐射则被水体吸收，而陆地对太阳辐射的吸收非常少，大多以反射的形式回空气中，在陆地表明形成较高的温度，因此，水体与陆地表面便形成了显著的温度差。有研究表明，海拔高的地区的水陆温差更为显著。其次，水体的热容量远远大于陆地，水体内部可以储存更多的热量，在吸收空气热量的过程中对周围环境起到降温的效果；当周围空气温度低于水体温度时，水体释放出大量的热量对周围的环境起到增温的效果。因为水陆之间的热量转换更大，水体的温度调节效应在干燥地区更为显著。最后，水体在蒸发过程中会大量消耗掉水体表面热量，从而降低水体表面的温度。

相较于水体景观的温度调节机制，水体对空气的湿度调节效果却不太明显。水体景观湿度调节机制主要是由水域与陆地的蒸发量、温度不同而引起的。研究表明，面积为

2000m²的孤立水体，相比于其周边环境，空气相对湿度会增0.1~0.4g/kg；平均湿度较中心商业区高出约10%。然而，水体景观的湿度调节机制并非趋同于温度效用，其适用范围很大程度上受到地域性的限制。傅抱璞证明，水体景观对于我国的干旱地区全年均有增湿效应，水汽压和相对湿度随之增大；在湿润地区尤其是在冬季，全年平均水汽压增大，相对湿度减小。

因为水体的降温增湿效应，水陆表面的空气形成了较大的温度差，从而导致空气的流动形成风。水体对风的摩擦作用要远远小于土壤对风的摩擦作用，因此水面上的风速要比陆地上的大，有研究表明水面上的风速可达到陆地的两倍之多。同时，不同深度的水体对水体表面的风速影响不同，且水体的上风向与水体的下风向处风速也有明显的不同。水体对日照的影响主要体现在水体对阳光的折射反射作用，水镜面的效果将光线反射到周围环境中。

水体在温度、湿度、风速以及太阳辐射四个层面上对周边环境微气候均具有作用机制。其作用最根源的原因在于水体比热容特性以及水镜面的反射作用。其中，水体的温度效应最显著，其次为风速和太阳辐射，而水体的湿度作用基本依附于水体的温度调节机制，同时又受着其他因素的限制。

现有研究证明，水体的面积、深度以及盛行风风向都是影响水体微气候特征的重要因素。以下进一步以水体与风向方位为研究点，以路径空间环绕的一处水体为研究对象，以东西向为横坐标轴，南北向为纵坐标轴，以正南向为0°、正北向为180°、正东向为90°，以空间方位与南北轴向的夹角（δ）来描述水体的空间方位（图5-10），研究水体的空间方位与微气候特征的关系。

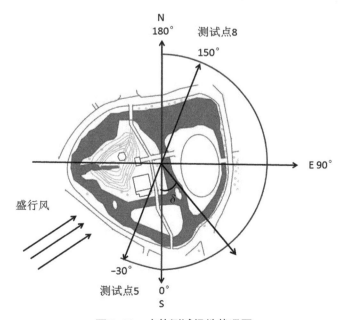

图5-10 水体测试场地状况图

因试验当天场地风向为西南风，故选取西南向−30°的场地测试点5作为水体上风向，东北向150°的场地测试点8为水体下风向。以水体空间方位（以夹角 δ 表示）与所测得的微气候因子值进行双变量相关性分析可知，水体的空间方位与路径空间的温度和湿度之间具有显著相关性，水体的方位与路径空间的温度呈正相关，与其湿度呈负相关，即水体方位在由南向北的过程中，其附近路径空间的温度逐渐增大，湿度逐渐减小；路径空间风速与水体方位的相关性并不显著。

5.3.3 路径植被高度特征与微气候调节机理

植被是景观设计中最具活力的设计要素，除了美学功能和生态功能外还兼具气候调节功能。就微气候作用因子来说，植物的微气候效应包括降温增湿作用、降低风速作用以及减小太阳辐射作用，就其作用机理来说又分为植物的物理作用与生理作用。植物的物理作用即植物枝干以及叶片对风和太阳辐射的遮挡作用，植物的生理作用则包括叶片的光合作用，叶片的蒸腾作用等。总地说来，植物的微气候效应与植物自身的每一个特征都息息相关，植物的种类、高度、叶片的形态、叶片的结构、叶面积指数、分枝位置等都是改变植物微气候效应的重要因素。植物群落对微气候的调节机制更为复杂，其主要因素除了群落的种植结构、群落的面积、围合空间等还有不同植物间的生物场作用。

植物对太阳辐射的遮挡是植物对周围环境最显著调节作用。在炎热地区，植物对阳光的遮挡可以形成一个阴凉的环境。太阳辐射透过叶片，大部分被反射回空气中，极少部分被叶绿素吸收或穿透叶片落到地面上。叶片对阳光的遮挡作用主要源于叶片的形状与叶片分布密度。叶片的形态与结构往往是对当地特殊环境的适应，不同地域的植物在形态结构上通常具有巨大的差异。落叶乔木在景观的微气候中能起到非常好的调节作用，在炎热的夏季，茂密的树冠起到遮阴降温的作用，而在寒冷的冬季，叶片脱落后又会为场地引入温暖的阳光。

植物对阳光的遮挡可以起到很好的降温效果，通过实测可知，在哈尔滨4月份气候下，树阴处的测试点与无树阴的测试点的温度差最高可达5.4℃。除此之外，植物自身对周围环境的热量也具有吸收作用，叶片的蒸腾作用也可以带走周围环境中的热量。而这都与植物的种类有关，不同的叶面积大小、叶片蒸腾率，对太阳辐射的吸收率与反射率都会导致不同的作用结果。

植物对风环境的影响则主要是由植物群落结构所决定的。密集的植物群落能形成风的屏障。有研究表明，植物群落最多可使风速降低85%。通过对植物的设计，可以对风进行有利的引导与利用。不同植物种类以及不同的种植密度对风速的影响均不同，其中针叶常绿植物对风的遮挡效果最为显著。植物群落的微气候效应是个复杂的过程，除了与植物种类有关外还受到更多因素的影响，在景观设计中主要考虑的因素为种植模式和植物围合空间形式。

植物种植模式是植物群落影响微气候的一项重要因素。不同种植模式对空气湿度的增加以及对风环境的影响均不相同。园林常见的种植模式有四类："乔+灌+草"模式、"灌+草"模式、"乔+草"模式以及草坪模式。大量研究证明，这四种种植模式均具有不同程度的降温增湿效果，且群落结构越复杂降温效果越显著。这四种种植模式对空气湿度影响差别并不是很大，但其中灌木层对空气湿度的增加有很大作用。"乔+灌+草"模式的增湿降温效果最为明显，对于在炎热干燥的地区，增加灌木层的用量，能对地域微气候起到有效的增湿作用；大面积草坪对城市热环境的湿热问题有改善作用。

植物围合空间形式主要分为开敞空间、半开敞空间以及全封闭空间三种空间形式。本研究中的路径空间主要以开敞空间和半开敞空间为主。

开敞空间：开敞性植被空间对太阳辐射与风几乎没有遮挡作用，主要由地被植物与低矮灌木组成。故由植被形成的开敞空间的降温增湿以及对风速的调节作用一般来说都不显著。

半开敞空间：半开敞空间与开敞空间相比，在一定程度上能够起到局部空间围合的作用，通常在一至三个面上由高大植物所围合，可以起到一定程度上的遮阴作用。该空间在夏季利用叶片的覆盖可以对光线进行遮挡作用，在冬季叶片掉落后可以引入光线，因此一般半开敞空间在微气候调节上可以起到夏季降温冬季升温的效果。

全封闭空间：该空间的四周均被中小型植被所封闭，常见于森林中，光线较暗，群落结构较为复杂，对微气候的影响除了物理性的调节外还有植物生理的调节作用。

高宽比是描述线性空间特征的一个基本指标，从理论上讲，两侧植被与路径空间的高宽比会影响路径空间的微气候特征。在不同高宽比的灌木林地微气候特征研究的基础上，选择植被高度不同的4个测试点进行双变量相关性分析，进一步研究植被高度对路径空间微气候的调节机理。4个测试点分别为测试点2、3、4、9，各测点断面特征见图5-11。分析测试点3、4、9可知，植被类型与温度、风速显著相关，与湿度相关但并不显著；乔木对温度的调节能力最显著，灌木对风速的调节能力最强，草地降温增湿能力最弱。对比分析测试点2和9，分析灌木道路高宽比对微气候因子的影响，发现湿度与植被的高宽比有关，当灌木与路径空间的高宽比＞1时，灌木对路径空间的湿度具有增加作用，当高宽比＜1时，灌木对路径空间的增湿作用更加明显，同时对风速的衰减作用也较明显。

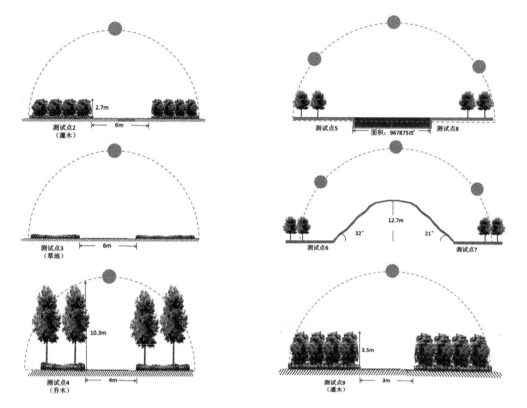

图5-11　各测试点空间截面图

5.4　公园路径景观空间设计导则

测试结果表明，公园路径两侧的不同景观元素及其不同的空间布局均会对公园路径空间微气候产生影响，但影响方式和影响程度不同。为了推进实测研究结果指导风景园林实践的可能性，本节将结合实测研究结果对微气候适宜性设计进行探讨，为寒地城市公园路径空间微气候适应性设计提供依据。

5.4.1　合理控制山体体量并根据场地气候特征选择合适坡向

由测试分析结果可知，山坡对路径空间具有降温作用，随着坡向由南向北，路径空间的温度逐渐增大，湿度逐渐减小，太阳辐射量则先增后减，在正东面达到最大值，风速由南向北逐渐减小。坡向对微气候的调节效应中，太阳辐射与山坡坡向的相关性最大，其次为湿度，然后为温度，风速与坡向的相关性最小。从气候适宜型设计的角度，对于哈尔滨春夏交替季节来说，当公园路径空间设计在山体东坡向时，可以接收到最大程度的光照，当公园路径空间设计在南坡向时，可以适当增加公园路径空间的温度并减小湿度，营造更为温暖干燥的路径空间。因此，当公园路径空间设计在山体的东南面时，可以营造相对温暖干燥阳光充足的空间环境，此时路径空间两侧适宜种植喜光耐干旱的植物；当路径空间需要阴凉潮湿的环境时，可以将路径设计在山体的西北坡向，此时路径空间两侧适宜种植耐阴植物。

5.4.2 合理控制水体宽度并根据场地风向选择合理位置

随着水体方位从上风向到下风向（由南向北），路径空间的温度逐渐变大，湿度逐渐变小；而水体方位对路径空间风速与太阳辐射的影响并不显著。在水体方位与路径空间微气候效应的关系中，湿度与水体方位的相关性最大，其次为温度，太阳辐射与水体方位的相关性最小。对于哈尔滨较为干燥的北方气候来讲，将公园路径设计在水体上风向，在一定程度上可以增加路径空间的湿度，而当设计需要相对较为干燥的空间时，则可以将路径空间设计在水体的下风向处。有研究表明，水体水平方向上的冷却效应主要发生在上风向2km以内和下风向9km以内，以下风向2.5km以内最为明显，随着河流宽度的增加，降温能力不断增强。因此，在设计实践中，根据气候的需要，应合理控制水体的宽度与方位以及路径空间与水体的距离。

5.4.3 合理控制公园路径两侧植被与路径的高宽比并丰富种植结构

植被高度与路径空间的温度、风速以及太阳辐射成负相关，随着植被高度的增加，路径空间的温度、风速以及太阳辐射均在逐渐减小。其中，太阳辐射量与植被高度的相关性最大，其次为温度，风速与植被高度的相关性最小。植被高度对湿度的影响并不显著。但在灌木林地中，路径空间的湿度却与植被的高宽比有关，当灌木与路径空间的高宽比＞1时，灌木对路径空间的湿度具有改善作用，当灌木与路径空间高宽比＜1时，灌木对风速的衰减程度较显著。因此，在哈尔滨春夏交替，温度低风速大的季节气候下，当公园路径宽度不变，可以选择本土早发芽、合适高度的灌木品种，以保证路径空间高宽比＜1，从而在一定程度上减小路径空间的风环境，营造较为舒适的户外空间；根据设计需要丰富路径两侧植被空间结构，选择整齐度高的群落布局方式，适当减少高大乔木，为路径空间引入更多的自然光。

第6章　公园植物群落空间特征的微气候调节效应

　　植物群落是影响城市空间微气候特征的重要景观元素之一，认识其空间特征对微气候因子的调节作用，对于优化植物景观气候适应性空间设计，提高市民户外活动环境的热舒适度，具有重要意义。目前，基于实地测量方法进行的植物群落微气候特征研究已逐步完善，数值模拟方法因具有节省人力物力、实验可重复等优势而逐渐成为研究城市微气候特征的又一重要工具。

　　本章以哈尔滨市斯大林公园10个典型群落单元（图6-1）为样本，采用ENVI-met三维微气候模型，开展针对不同空间布局和形态特征的三维植物群落虚实场景的微气候时空变化模拟研究，分别从植物群落水平空间布局特征（整体布局、开口分布）和垂直空间形态特征（群落高宽变化、冠线高低变化）两个方面，采用控制变量的方式进行基于样本群落的空间优化和情景假设，利用ENVI-met 中的数据处理软件LEONARDO处理输出的气象数据，得到水平（x-y）或垂直（y-z）空间的微气候矢量图以及气象参数的色块分布图，分析群落三维空间微气候因子的变化和差异。

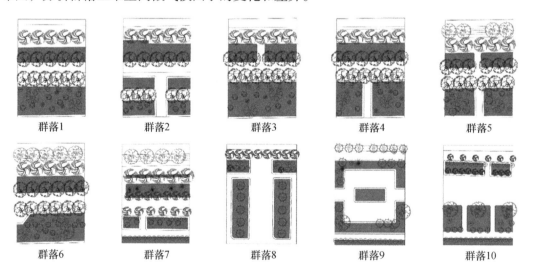

群落1　　　　群落2　　　　群落3　　　　群落4　　　　群落5

群落6　　　　群落7　　　　群落8　　　　群落9　　　　群落10

图6-1　斯大林公园样本群落单元平面及植被分布图

6.1 ENVI-met数值模拟平台建立

以通过实地调研选取哈尔滨市斯大林公园10个典型群落单元为研究样本，以此为基础，采用情景假设相的方法，最终确定16个研究对象并制定4组模拟分析方案。在ENVI-met数值模拟软件的模型平台中建立典型植物单体的三维模型，在此基础上建立模拟方案的植物群落三维场景，为后续的数值模拟分析做准备。

6.1.1 模拟对象和研究方案确定

根据前期的场地调研，模拟研究选择在寒地城市的典型季节——春夏交替期进行，由于春夏交替期的气候特点为风速较大、空气干燥、早晚温差较大，研究选择温度、湿度和风速因子作为研究微气候对象，对选取的样本群落进行空间特征解析，并结合场地植物种类、布局特征和群落高宽变化等实际群落空间特征，采用控制变量的方式进行基于样本群落的空间优化和情景假设，并最终确定研究对象和制定模拟方案。表6-1为各个群落比较分析的内容。

表6-1 各群落比较分析的内容

项目类别	群落单元	模拟分析的内容
空间布局特征对植物群落微气候的影响（相同结构特征和形态特征）	样本群落7、8、9、10	·整体布局（相同植物，场地风向固定）
	4a	行式布局
	4b	列式布局
	4c	围合式布局
	4d	分块式布局
	样本群落2、3、4、5	·开口方式（相同植物，场地风向固定）
	5a	两侧均无开口
	5b	迎风面有开口
	5c	双侧开口
	5d	逆风面有开口
空间形态特征对植物群落微气候的影响	样本群落1、6	·冠下高宽比（植物LAD相同，场地风向固定）
	6a	高×宽（15m×70m）
	6b	高×宽（15m×85m）
	6c	高×宽（10m×70m）
	6d	高×宽（10m×85m）

续表

项目类别	群落单元	模拟分析的内容
空间形态特征对植物群落微气候的影响	样本群落1、6	·冠线高低变化（植物LAD相同，场地风向固定）
	7a	（风向）高-低
	7b	（风向）低-高
	7c	（风向）高-低-高
	7d	（风向）低-高-低

6.1.2 场地典型植物三维模型构建

在进行群落场地建模之前，需要对场地内的主要树种进行单独建模。根据实地观察和测量得到的植被类型、植被高度、分支高度、冠副大小以及LAD值等数据来构建植被单体模型。启动ENVI-met植物数据库——Albreo，首先根据植物高度、冠副等数据定义植物几何体各边长的网格数量，每个单元格尺寸为1m×1m×1m；其次选定植物的叶片类型（即植物类型），包括Decidous Leafs（阔叶）、Conifer Leafs（针叶）和Grass-like Leafs（草叶）；最后通过输入植物的LAD值和RAD值分层建立植物三维模型。图6-2为斯大林公园代表性树种（加杨、榆树、旱柳等）的三维模型。

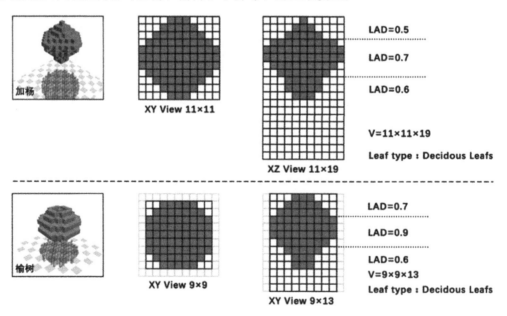

图6-2 典型植物单体三维模型

6.1.3 场地模型构建及参数设置

在构建好植物单体的基础上，完成场地三维模型的构建，构建内容包括植物模型和土壤（下垫面）模型如图6-3所示，群落模型内部放置监测点，方便数据的输出与分析。

模型初始条件的设置和优化对于模拟的准确性和合理性起决定作用。选择在云量较少的2017年5月10日进行模拟，模拟起始时间为0:00，结束时间为次日2:00，共模拟26小时，模拟时间间隔为30分种。结合国家气象局发布的天气情况设置初始气象数据，由于无法定义动态的风速和风向，因此风向的确定需结合哈尔滨市春夏交替季节的主导风向和测试日的主风向进行综合计算，风速则选取当天测试的平均值。其他参数，如2500m的大气湿度、绝对湿度等无法测得，本研究均使用模型中的默认值。

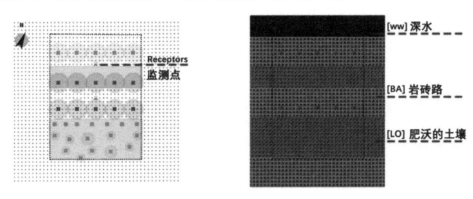

图6-3　群落植被模型和土壤模型平面

6.2　群落空间布局特征与微气候因子水平分布

研究已经证明，不同的城市绿地布局或绿地群落布局都会对局地微气候，尤其是对风环境产生显著影响，本节研究微尺度下群落内的植被水平布局特征对气候的影响，用整体布局和开口分布描述各群落平面的特征类型，分析群落内部1.5m高度处微气候因子的平面分布变化。将ENVI-met的输出结果带入到模型自带的数据处理软件LEONARDO中，得到植被群落内部微气候因子1.5m高度上x-y轴的二维色块分布图，将温度、湿度和风速值按照不同色块进行平面分布的比较。

6.2.1　群落整体布局与微气候因子水平分布

以样本群落7、8、9、10的平面结构为样本进行模型空间优化，采用控制变量方法完善模型空间分布状态和可比较性，对比研究4种空间分布的植物群落（图6-4）4a（行式布局，与主风向夹角-25°）、4b（列式布局，与场地主风向夹角-115°）、4c（围合式布局）和4d（分块式布局），群落内部树种均为榆树，分析微气候因子1.5m高度处的水平分布变化。

对4个群落14:00~14:30时段1.4m高度处温度、湿度和风速的水平分布变化做分析（图6-5~图6-7）。4个植物群落内部温度、湿度整体分布特征差异较大，但均为乔木冠层下方阴影范围内的温度较低、湿度较高，温度均在25.0℃以下，且湿度均在35%以上，

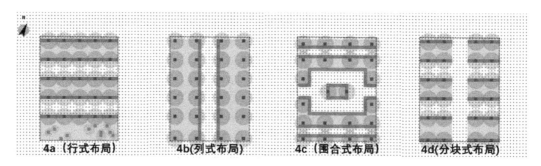

图6-4 不同整体布局群落模拟平面图

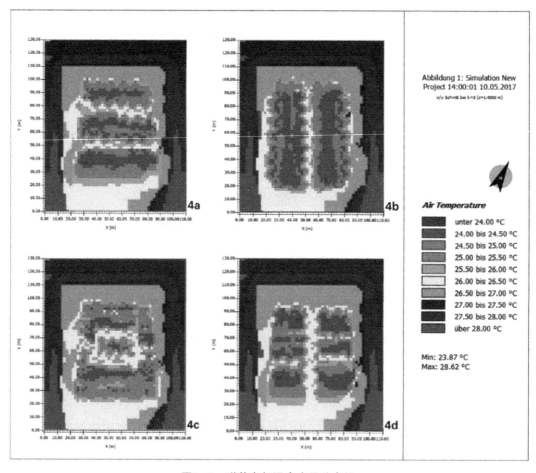

图6-5 群落空气温度水平分布图

乔木对于近地面温湿度具有较强的调节作用，距离群落乔木越远处近地面温度越高、湿度越低。分析四种布局方式对于群落内部温湿度的分布影响，行列式布局（4a和4b）和块状布局（4d）群落内部温湿度的分布较为均匀，而4c群落围合空间内温度较高、湿度较低，边缘相反，温湿度分布变化差异明显。综合来讲，对于带状绿地来说，均匀、整

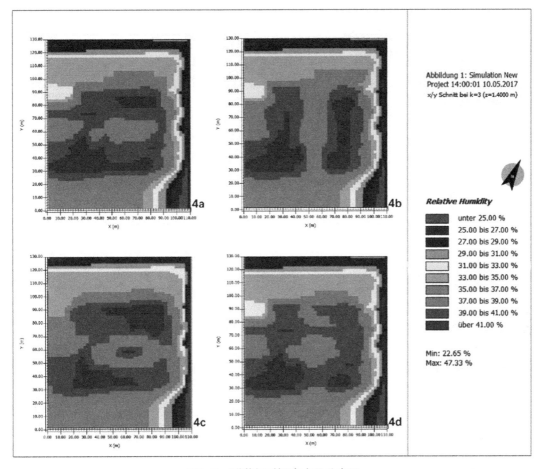

图6-6　群落相对湿度水平分布图

体度高的布局方式降温增湿效果较好，其中，行列式布局的群落降温增湿效果最好，围合式布局方式降温增湿能力最差。

从4个群落的风速分布情况来看，4个群落内部风速的分布差异较大，尤其是群落内部，风速沿灌木边界扩散到群落内部，说明灌木对于近地面风速的调节能力较强，乔木对于近地面风速的调节能力较弱，风进入群落内部根据不同的布局方式或被削弱或被加快，形成了不同的风速分布变化特征。4a和4c群落的风速较小，是因为群落布局对于主风向来风形成有效遮挡，而4b和4d群落由于迎风面有开口，因此引风进入群落。分析群落的风速分布变化，4a群落内部风速变化较小，4c和4d群落内风速分布变化较大，风速在0.35～1.15m/s范围内波动。综合来讲，对于带状绿地来说，垂直于风向的布局方式对风速的遮挡效果较好，围合度高的布局方式对风速的调节效果较好。

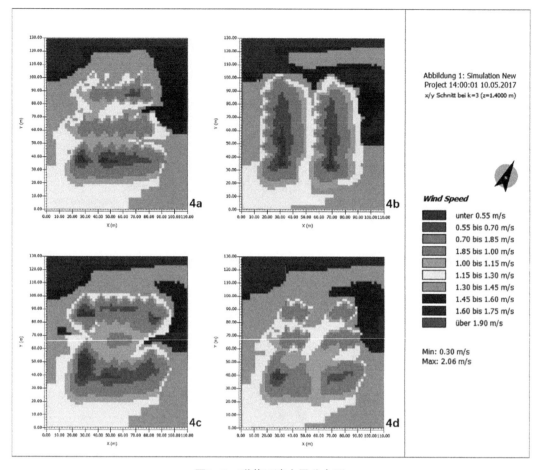

图6-7　群落风速水平分布图

6.2.2　群落开口分布与微气候因子水平分布

在群落整体分布变化研究的基础上，本节分析群落局部开口分布对群落内部微气候的影响，以样本群落2、3、4、5的平面结构为样本进行控制变量优化处理，得到4种不同开口特征的植物群落（图6-8）作为研究对象，各群落平面开口分布特征分别为5a（闭合无开口）、5b（背风面开口）、5c（双侧开口）和5d（迎风面开口），研究群落开口分布对群落内部微气候因子1.4m高度水平空间内分布的影响。

对4个群落14:00～14:30时段1.4m高度处温度、湿度和风速的水平分布变化做分析（图6-9～图6-11），4个植物群落内部温度湿度整体分布特征基本相同，均为冠层下方阴影范围内的温度较低、湿度较高，温度均在24.5℃以下，湿度均在35%以上，说明乔木对于近地面温湿度具有较强的调节作用。分析开口方向和数量对于群落内部温湿度的分布影响，5b、5c、5d群落均为开口处温度值较高、湿度值较低，其他位置温湿度基本相同。这是由于开口处缺少乔木对太阳辐射的遮挡，蒸腾作用明显，因此温度升高湿度降

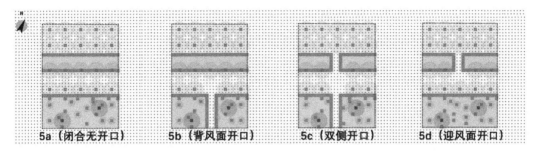

图6-8　不同开口分布群落平面特征图

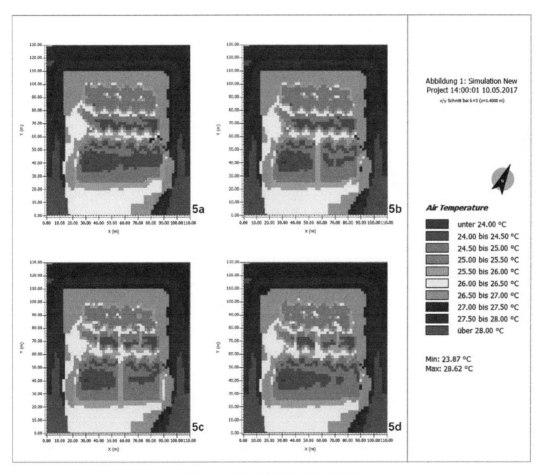

图6-9　群落空气温度水平分布图

低，但是仅停留在入口处，向群落内部扩散影响的情况并不显著。5d群落由于迎风面有开口，温度略低于5b和5c群落，5c群落由于双向开口导致冠层郁闭度较小，因此开口处温度最高。

　　从4个群落的风速分布情况来看（图6-11），4个群落内部风速的分布差异较大，尤其是开口处，风速沿灌木边界扩散到群落内部，说明灌木对于近地面风速的调节能力较

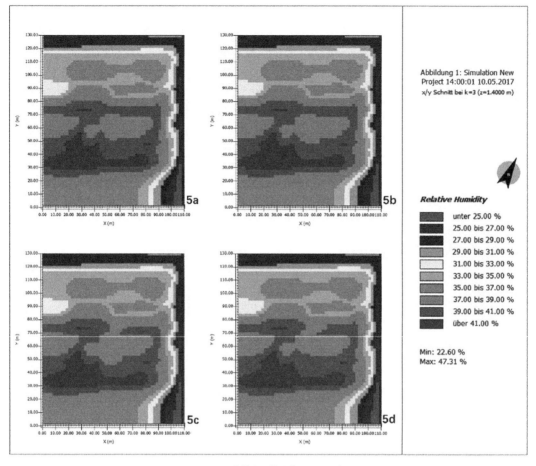

图6-10　群落相对湿度平面分布图

强，乔木对于风速的调节能力较弱。分析群落内部由于开口方向和数量的差异性导致的风速分布变化可以看出，开口方向对于群落内部的风速的影响很显著，其中5d群落内部风速受开口方向影响最大，5c和5b群落次之，5a群落最弱。5d群落由于迎风面上有开口，背风面无开口，起到了引风进-阻风出的效果，因此风在群落内部扩散，形成了小范围的涡流；而5c群落为双侧开口，起到了引风进-引风出的作用，风在群落中经过，因此对群落内部影响比5d群落小；5b群落为背风面单侧开口，起到了阻风进-引风出的效果，进入群落内部的风较少，而又很快被引出，因此对群落内部的影响更小；5a群落由于闭合勿开口，因此内部基本不受影响。

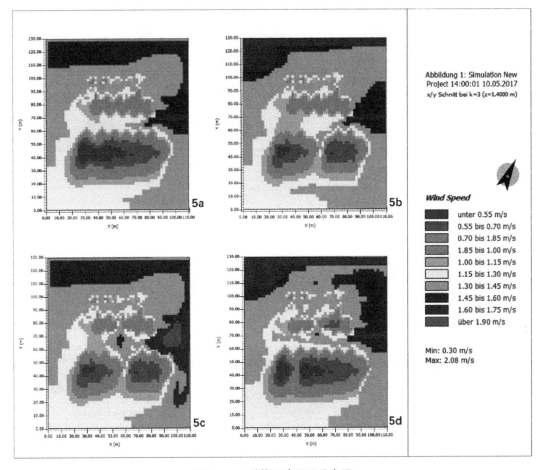

图6-11 群落风速平面分布图

6.3 群落空间形态特征与微气候因子垂直分布

6.3.1 群落高宽变化与微气候因子垂直分布

以样本群落1和6的平面结构为样本进行控制变量优化处理，控制群落结构特征和布局特征不变和组成群落植物体的LAD值（0.8）不变，研究群落高度宽度变化对群落内部微气候因子立面空间分布的影响。研究的群落分别为6a（高×宽=15m×70m）、6b（高×宽=15m×85m）、6c（高×宽=10m×85m）和6d（高×宽=10m×85m），图6-12为各群落的平立面特征图，用以分析群落立面空间内微气候因子的分布变化和原因。

对4个群落14:00～14:30时段内垂直空间温度、湿度和风速的分布（图6-13～图6-15）变化做分析，从4个群落的温湿度分布情况来看，4个群落均为冠层高度处温度最低、湿度最高，温度均在24.5℃以下，湿度值均在35%以上。冠层对于周边的温湿度也具有一定调节作用，紧邻冠层处尤其是冠层下方的温度也较低，且湿度较高；4个群落均为

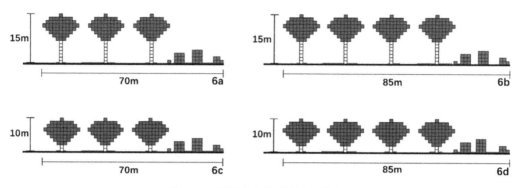

图6-12　不同高宽度群落立面特征图

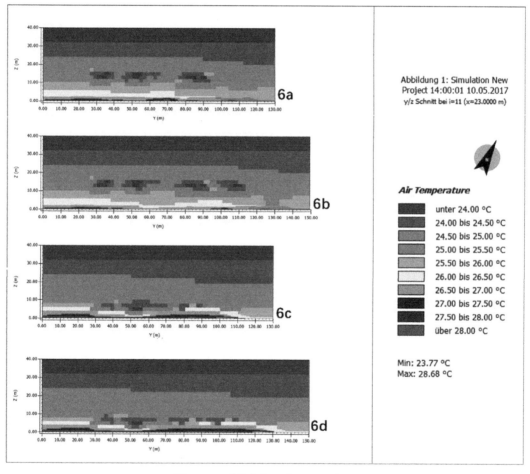

图6-13　群落空气温度垂直分布图

近地面温度最高、湿度最低，温度在26 ~ 28.5℃范围内不等，相对湿度在20% ~ 33%范围内不等。分析不同高宽度群落空间对于近地面的降温增湿效果，增加群落宽度可产生一定的降温增湿效果，但增加高度可显著降温增湿，这是由于较高的冠层对于群落空间内

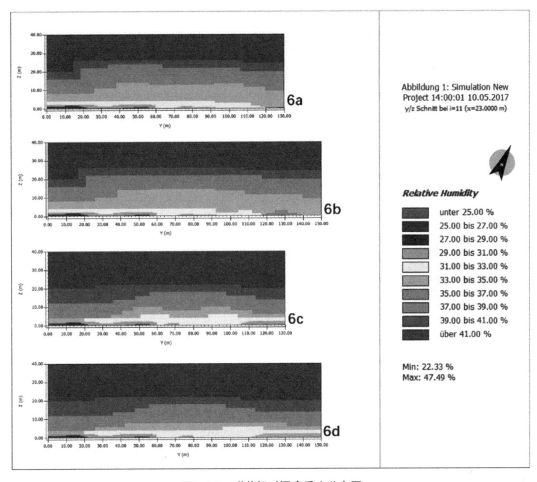

图6-14 群落相对湿度垂直分布图

太阳辐射的遮挡能力较强，因此近地面温度较低，同时减少了群落空间内的水分蒸发，因此近地面湿度较高。群落宽度的增加也延长了太阳辐射在群落中的递减时间，在群落局部产生一定的降温增湿效果，从6b和6d群落中可以看出，群落迎光面下的温度和背光面下的温度存在约1℃的温差。

从4个群落的风速分布（图6-15）情况来看，4个群落均为冠层高度处风速最低，风速值均在0.55m/s以下，冠层对于周边的风速也具有一定调节作用，紧邻冠层处尤其是冠层之间的风速较低；4个群落均为近地面风速最高，风速值在0.85~1.5m/s范围内。分析不同高宽度群落空间内近地面的控风效果可知，增加群落宽度可降低群落近地面风速，增加群落高度可显著增加群落近地面风速。对比6a和6b或6c和6d群落内部风速分布，靠近迎风面空间的风速较高、风速较大，速度值逐渐向背风面递减，而增加群落宽度可以增加风速在群落内部的递减时间，因此群落宽度越宽内部风速分布的变化越大；对比6a和6c或6b和6d群落内部风速的分布，6c和6d群落显著低于6a和6b群落，可以得出低矮乔木对近地面风速的降低程度要显著高于高大乔木。

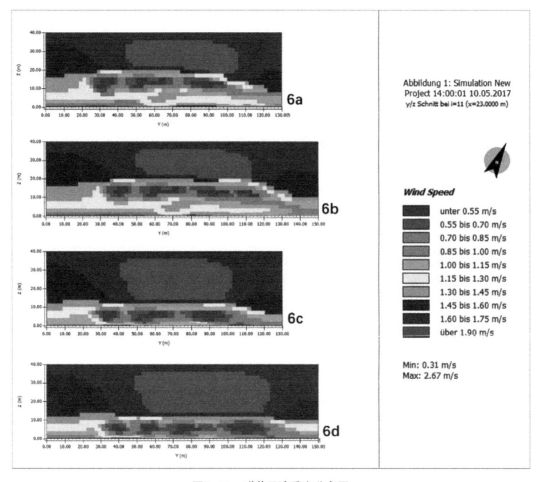

图6-15　群落风速垂直分布图

6.3.2　冠线高低变化与微气候因子垂直分布

从群落高宽度变化对微气候影响的模拟结果中可以看出，群落高度对于温度、湿度和风速值影响显著，本节在此基础上，分析群落高度变化特征对微气候因子的影响，为群落内部空间的组合搭配提供依据。以样本群落1和6的平面结构为样本进行控制变量优化处理，控制群落结构特征和布局特征不变和组成群落植物体的LAD值（0.8）不变，确定研究的群落对象分别为7a（高-低）、7b（低-高）、7c（高-低-高）、7d（低-高-低），图6-16为各群落数值模拟冠线立面特征图。

对4个群落垂直空间内温度、湿度和风速的分布变化做分析，从4个群落的温湿度分布（图6-17，图6-18）情况来看，4个群落均为冠层高度处温度最低、湿度最高，温度均在24.5℃以下，湿度值均在35%以上；冠层对于周边的温湿度也具有一定调节作用，体现在紧邻冠层处尤其是冠层下方处；4个群落均为近地面温度最高、湿度最低。分析不同高度乔木对于近地面的降温增湿效果，高大乔木对近地面温度的降低程度要显著高于低

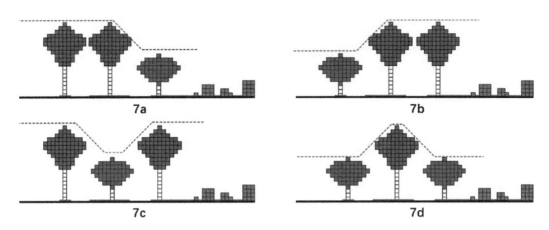

图6-16 不同冠线高低变化群落模拟立面图

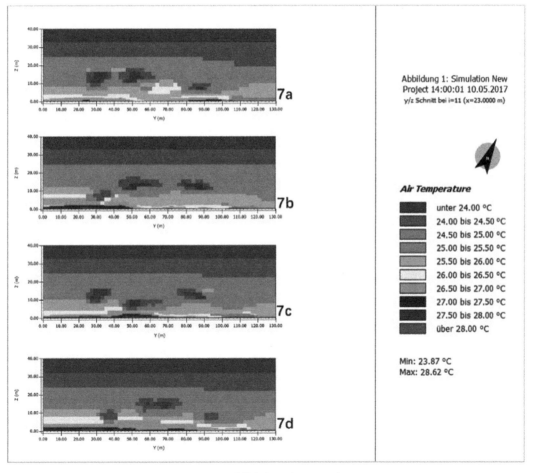

图6-17 群落空气温度垂直分布图

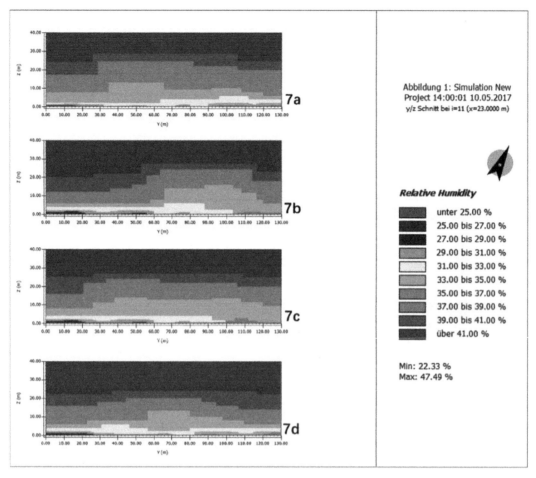

图6-18　群落相对湿度垂直分布图

矮乔木，这是由于高大乔木对群落空间内太阳辐射的遮挡能力较强，因此近地面温度较低。但高大乔木对近地面湿度的增加程度只是略高于低矮乔木，增湿效果并不显著，可能是由于小乔木的冠副位置较低，因此叶片蒸腾对近地面湿度产生一定的调节作用。7d群落由于低矮乔木比例较大，对于太阳辐射的遮挡能较弱，因此近地面温度较高。

从4个群落的风速分布（图6-19）情况来看，4个群落均为冠层高度处风速最低，风速值均在0.55m/s以下；冠层对于周边的风速也具有一定调节作用，紧邻冠层处尤其是冠层之间的风速也较低；4个群落均为近地面风速最高，风速值在0.85～1.5m/s范围内。分析不同高度乔木对于近地面的降温效果，低矮乔木对近地面风速的降低程度要显著高于高大乔木。同时发现，4个群落内部的风速变化幅度差异明显，其中7b群落的风速分布变化最小，7c群落分布变化最大。分析各群落风速分布特征产生的原因如下：7a群落的空间特征变化较小，迎风面均为高大乔木，对于风速遮挡较小，因此风从树下经过，群落内部风速值较大但风速变化不大；7b群落的空间特征为迎风面为分枝点低的乔木，因此

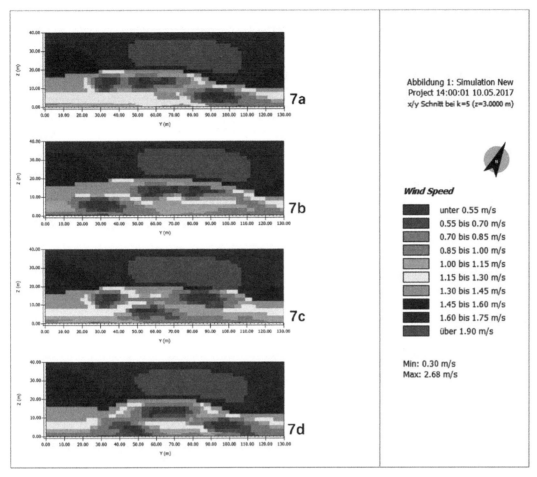

图6-19 群落风速垂直分布图

阻挡了大部分风的进入,但是冠层风速较高,进入群落内部高大乔木冠层下方的风速也较高;7c群落的空间特征变化最丰富,整体高度分布为高-低-高,因此较大的风速进入群落内部但是受中间低矮乔木的阻挡使风速迅速下降,而冠层上方的风速也相对较大;7d群落的起始风速分布与7b群落相似,但是又受到低矮乔木的阻挡,使风速滞留于群落空间内部,使风速相对较高。

6.4 公园植物群落空间气候适应性设计导则

模拟结果表明,植物群落布局和形态空间特征下的多个设计要素均会对公园绿地内部环境微气候产生影响,但影响方式和影响程度不同。为了推进数值模拟实验数据和实验理论结果指导风景园林实践的可能性,本节将结合数值模拟结果对寒地城市公园植物群落微气候适宜性空间设计进行探讨,为寒地植物群落微气候适应性空间设计提供依据。

6.4.1　选择整体度高的群落布局方式

本研究根据实际场地选择了四种群落整体布局方式进行微气候水平分布的研究，除了对于群落布局方式的具体描述性定义外，还可以用布局的整体性、均匀度、围合度等程度性词语定义不同的布局方式。分析群落整体布局对微气候因子的影响可以看出，带状群落布局的整体性、均匀度、围合度对群落内部各微气候因子具有不同的调节作用，且调节程度差异显著。对于带状绿地来说，整体性强、结构均匀的布局方式对温度和湿度的调节效果较好，行列式布局的群落温度要低于其他布局方式的群落、湿度要高于其他群落，围合式布局方式温度值最高且湿度最低，但对于风速的调节作用最显著。垂直于风向的布局方式对风速的遮挡效果较好，并且整体性强的布局方式可以更好地控制群落内的风速，阻挡大部分风的进入。对于哈尔滨春夏交替季节来说，整体性强、结构均匀的布局方式可以有效降温增湿并减弱风速，围合式方式虽然在控制风速方面的效果较好，但对于增加空气湿度的功效较弱，因此宜选择行式布局作为带状公园的主要绿化布局方式，并结合上一小节的讨论结果进种植行间距的调控。

6.4.2　结合场地风向设计群落开口方向和数量

群落开口方向和数量是影响群落局部微气候变化的重要因素之一，分析其对微气候因子的影响可以看出，群落开口方向和开口数量对于群落内部整体的温度和湿度大小和分布的影响均较小，只在较小范围内影响温度湿度的分布和大小；开口特征对于风速大小和水平分布的影响非常显著。迎风面有开口群落内部风速较大，群落开口处风速分布变化显著，而开口数量与群落内风速影响无明确关系。迎风面上有开口且背风面无开口的群落内部风速最高，这是由于该布局方式起到了引风进-阻风出的效果，因此风在群落内部扩散，形成了小范围的涡流。对于哈尔滨春夏交替季节来说，尽量选择选择闭合无开口和背风面开口的布局方式，对于带状公园绿地总体布局来说，应尽量减少总开口数量和迎风面的开口数量。

6.4.3　结合场地风向和日照方向设计群落冠线高低

群落冠线高低的设计是群落进行树种选择搭配的依据。研究表明，冠线高低变化对于风速的影响最为强烈，对温度的影响次之，对湿度的影响较弱，这说明湿度的空间扩散能力最强，与空间形态变化关系不大，而风速受空间几何变化影响显著。冠线变化丰富的群落风速的分布变化显著。高低起伏的冠线特征引起了气流变化，进而干扰了风速，且风速值大小受场地风向的影响，迎风面有低矮乔木的群落内部平均风速值较小，迎风面为高大乔木的群落空间风速值最大。从温度角度来说，高大乔木与低矮乔木组合空间的温度与场地日照方向具有一定的相关性，研究表明，场地南侧有高大乔木的群落空间内近地面温度值较低。结合哈尔滨春夏交替季节来说，冠线形态为高-低-高的群落内部微气候最为适宜，其可以适当降温并有效增湿降低风速。

第7章 寒地城市公园气候适应性规划设计策略与方法解析

本章结合国内外优秀案例，分别从公园选址、空间形态、功能布局、景观要素配置、材料与色彩、建筑物与构筑物等几个方面，解析寒地城市公园规划设计的气候适应性策略与方法，归纳总结设计思路。

7.1 公园选址与几何形态的城市气候适应性策略

7.1.1 德国斯图加特公园选址于城市通风廊道

受全球变暖和过去30年快速城市化进程的影响，城市热岛、大气污染、道风不畅等问题已经对生态环境与居民健康构成严重威胁。研究表明，城市气候问题源于城市建设，而城市建设在很大程度上受制于城市设计。在我国城市化进程自"量变"向"质变"的转型阶段，如何整合相关科学研究以减少开发建设对城市气候的负面影响，已成为生态城镇建设面对的重要课题。注重城市气候问题解决，强调多学科协作是德国斯图加特城市建设的传统之一。斯图加特所积累的历史经验可为我国提供启示与借鉴。1698年，符腾堡公国议会便将建筑群对城市通风的阻碍作为裁定斯图加特城市发展计划的依据。1938年，斯图加特市议会开始聘请气象学家参与城市建设与管理，以应对第二次工业革命后日益严重的工业污染。1988年，斯图加特市政府在环保局下设城市气候研究所，利用城市气候地图等一系列专项工具管控城市总体布局。20世纪90年代末，斯图加特开始尝试通过重大城市设计项目的整合设计推动宏观城市气候优化策略的落实。由此，城市气候研究对城市建设的导控不再局限于宏观层面，其工作中心已衍化为确保城市上层系统与下层系统的协调发展。作为反映这一转变的成功范本，斯图加特绿地系统规划设计能够充分展示现阶段德国城市设计与城市气候研究的整合水平[88]。

1.项目挑战与概念设计

以欧洲高铁计划为契机，1994年德国交通部、德国铁路股份有限公司、巴登-符腾堡州政府、斯图加待市政府共同提议，将斯图加待中心火车站附近铁路改线后约109hm²的空地转变为兼具商业、服务业、文化、行政办公的复合功能区，以安置1.1万人并提供

2.4万个就业岗位。鉴于项目基地在区位与地形上的独特性，此处的大规模开发建设可能引发严重的城市气候灾害。基地位于内城山谷与内城河谷连接处，南邻步行街，西侧靠山，东北近谷底绿地（图7-1）。原有下垫面以铁路设施为主，空气动力学粗糙度低、通风性能好、日落后降温迅速，被作为服务于内城通风的主要廊道。在原有风廊道内及其附近进行大规模建设很可能加剧内城的气候负荷。一系列专项研究清晰呈现了城市气候问题现状与相应的城市设计任务[89]。

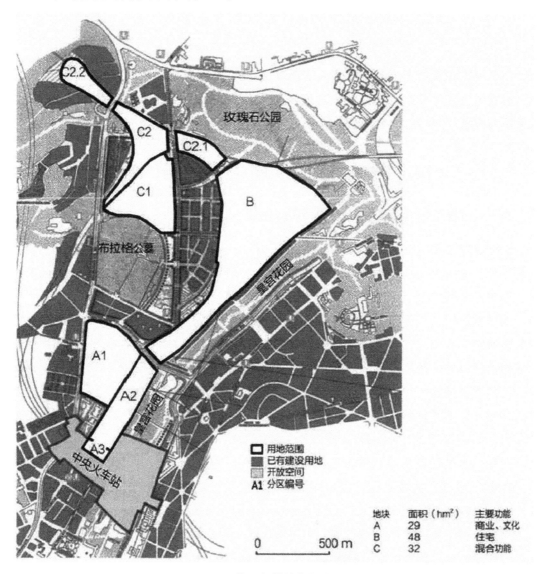

图7-1　斯图加特城市基地概况

通风不畅是该项目面临的主要问题。其一，受制于南德大范围风压分布与黑森林阻挡，斯图加特整体处于低风速区（平均风速仅2.0m/s）；其二，鉴于山谷地形影响，整个内卡河谷静风天频率高达年均21%。故而项目必须同时为城市和自身的通风改善做出贡献。对城市而言，必须保护位于内森溪谷轴线沿线的通风主轴，以维护整个内城山谷的空气交换、改善污染交换；对区块而言，必须维护基地附近的山谷风系统，以促进山坡与谷底、开放空间与建成区之间的空气交换。常年风环境监测与多项数值模拟论证了内城山谷通风主轴、基地附近山谷风系统的方向与位置。在狭管效应作用下，基地各部分主导风不尽相同，通风主轴毗邻且部分涵盖基地；基地附近存在三条冷空气通道，夜间山谷风沿之流动。

2. 项目所在区域气候背景及气候适应性设计对策

（1）项目所在区域气候背景

德国斯图加特处于大西洋和东部大陆性气候之间的凉爽的西风带。由于地处盆地而且人口密集，斯图加特的气温偏高，并且经常出现闷热的天气，周边的森林把风挡在外面，正午温度最高可达40℃，夜晚由于缺乏对流，气温也不会下降太多，所以温度并不算"适宜"。冬天市区无冰雪，由于高楼林立，寒风也很少光顾。斯图加特的年平均气温为10.7℃。由于斯图加特位于背风坡，所以降水偏少，属于德国干旱地区。

面对第二次世界大战后汽车友好型城市发展、大规模土地硬化等做法广泛引发的空气污染与热负荷激增，两德统一以来德国城市普遍贯彻的新理念。2005年新版斯图加特土地利用规划编制工作以内城发展、棕地再利用取代了开放空间利用，延续功能混合、短途城市等理念，从而避免城市蔓延、减少城郊土地占用与交通用地过度发展所致的环境污染。作为该地区最重要的铁路改造与城市设计项目，斯图加特21世纪项目充分体现了宏观发展理念与微观城市设计的承接关系。面对问题与资源的特殊性，城市设计通过调整用地布局、重组公共空间结构、优化交通系统等措施全面应对城市气候问题。

（2）气候适应性设计对策

①促进通风——调整用地布局以匹配风廊组织要求

组织开放空间系统 作为大规模非建设用地，开放空间是最重要的冷空气运动承载区域。该项目的开放空间布局在很大程度上顺应了区域空气交换要求。第一，保护内森溪谷通风主轴上的核心开放空间，禁止在此开发建设，以免阻碍城市通风。第二，着力保护、恢复三条新鲜空气通道及其运行效率，限制开发建设，以确保来自周围山地的新鲜气团流入建设用地、促进区域温度。其中，最北部风道中的旧建筑被全部拆除；北部、西南角被划为补偿区域。第三，建设用地内的绿化用地走向尽量垂直于毗邻的开放空间边界，以强调建设用地与非建设用地间的绿化连接，确保小范围空气交换（图7-2）。

调控土地开发强度 该项目通过限制建设用地规模、建筑密度或高度等措施减少气团运动阻碍。第一，控制整体建设用地规模，以最小化开发建设引发的气流扰动。框架规划指定建设用地面积为77hm²，净建设用地仅约50hm²（不足基地面积的1/2）。第二，控制开放空间沿线区的建筑密度，以促进开放空间与建设用地间的空气流通。鉴于区位

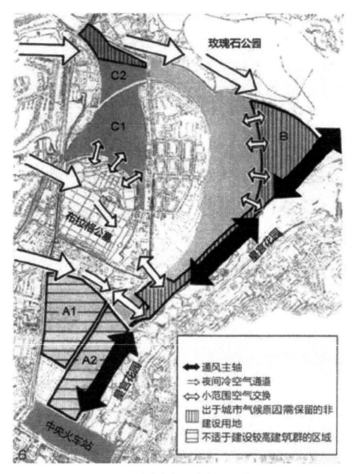

图7-2 城市气候适应性设计优化

优势与交通便利性，项目核心区域提高密度以支撑城市性；而玫瑰石公园、布拉格公墓等重要开放空间沿线的建筑密度则被降低，以支持小范围空气交换。第三，控制通风主轴附近的建筑高度，以避免项目开发阻碍内城通风。其中，地块尽量避免建设高大建筑群，其建筑高度须通过微气候分析予以论证；必要的高层建筑必须遵守市议会《高层建筑选址规章》中的选址与高度控制要求。

②缓解热岛——调整公共空间结构以提升冷空气降温效率

科学安排绿地植被　由于粗糙度低、冷空气生成能力强，绿地是承载冷空气运动的最佳媒介。该项目建设用地内绿化网络的科学组织，实现了冷空气运动距离与降温效率的最大化。第一，通过扩展铁路用地与邮局用地周边的公园，强调新增绿化与布拉格公墓、皇宫花园、玫瑰石公园等原高公园的联系，促使新旧绿地形成网络，便于冷空气流向建设用地。第二，普及屋顶绿化与立面绿化，以利于在新区提高绿量、减少土地硬化、增强雨水滞留与蒸发量，从而减少建设用地升温。第三，在具体城市设计方案基础上，通过后续专项研究量化设置新建的公共与私人绿化，以利于提升绿化设施的降温与导风效率（图7-3）。

图7-3 城市开放空间设计导则

优化组团内道路走向 由于粗糙度极低、辐射吸收与蓄存性能极强，道路可作为空气引导通道，但须避免辐射引发的空气升温。该项目通过组团内部道路布局的合理调配，实现了冷空气传导过程中能量损耗的最小化。第一，组团道路走向顺应冷空气流动方向，且道路界面完整，以便传导开放空间中的补偿气团。其中，多条东西走向道路既能将西侧克莱格斯山的山风导入建设用地，又能强化新区与场地外文化遗产或景观节点的视觉联系；东西走向的内部道路既有利于东侧皇宫花园的新鲜气团导入建设组团，又强化了新区与西侧建成区域的联系。第二，组团道路连接高大型开放空间，具有完整界面，以形成气团交换通道。其中，主要道路连通玫瑰石公园、布拉格公墓两大新鲜空气汇集地。第三，鉴于树木的阴影庇护与蒸腾作用，在城市设计导则中落实行道树种植（主要为阔叶树），以减少道路升温、增加冷空气运动距离。

3.项目总结与启示

第一，面对城市气候问题的日趋恶化，城市气候研究不仅要在宏观上引导城市用地的布局，而且要在微观上引导具体开发项目的形态生成，更要令二者相互匹配。如上所述，上层系统为下层系统提出边界条件，使下层系统在服从自身所处层次规律的同时也受到上层系统的控制。因此，城市气候研究对不同层面城市设计的协同控制正是一个在具体开发项目与宏观城市规划之间建立因果链的过程。由此，整个城市才能够成为缓解城市气候问题的"机器"，而非"松散的堆积物"。

第二，面对可持续发展导向下建设目标的多元化，城市气候研究将成为城市设计的有机组成，由此带来的设计程序升级也将全面提升工作效率与质量。一方面，应强化专项研究对城市设计的前期引导与后期检验（尤其是前者），以细化设计目标，明确改进方向。就城市气候而言，专项研究用于项目伊始即被纳入工作体系，设计草案对城市气候的影响应得到及时确认，从而支持相关技术措施的定位与定量。另一方面，应鼓励专业机构参与设计程序，明确责任，提升权限，以增加专项研究的科学性、保证城市设计质量。

第三，针对已有及潜在的城市气候问题，城市气候研究既要对后续设计工作提出"量"的控制，又要及时提出"形"的控制。换言之，专项研究不仅要能够影响容积率、建筑密度、绿地率、硬化率等量化指标的制定，而且要能够引导开放空间、建设用地、组团边界、建筑体量、交通组织、绿地景观的形态形成。有鉴于此，相关基础研究的开展具重要意义，有利于探讨城市形态与气候功能的作用机理的主要影响因子与关键作用规律。

7.1.2　意大利米兰斯卡罗法里尼"微气候过滤器"

斯卡罗法里尼（Scalo Farini）位于意大利西北部的米兰市。米兰是意大利第二大都市，人口约800万，一直是欧洲重要的经济、文化、艺术中心。但米兰在城市逐步扩张的同时，也出现了一些问题，其中比较具有代表性的就是城市中很多原有的火车站被废弃的问题。这些火车站由于各自之间相对距离较近，在城市扩张和交通工具速度提高后被整合，除此之外另一些线路随着新兴交通工具的兴起而被替代，因此城市发展的同时造成了很多城市中心火车站被废弃。这些废弃的车站造成了城市用地的浪费，更为重要的是，这些车站所在的位置过去往往是交通枢纽，所以废弃火车站位置上靠近市中心且占地面积大，对这类车站的改造成为了城市发展的重点。本项目旨在对意大利米兰市的南北两侧的两处弃置的铁路调车场斯卡罗法里尼和圣克里斯托佛罗（San Cristoforo）进行重建（图7-4）。

图7-4　斯卡罗法里尼规划设计效果鸟瞰图

1.项目设计概念

方案将斯卡罗法里尼和圣克里斯托佛罗两处场地分别规划为绿色区域和蓝色区域（图7-5），二者将同时起到净化生态环境的作用：绿色区域包含一个大型公园，公园有调节城市微气候解决生态问题的作用，公园整体就好像一个巨大的冷却带、过滤带，可以冷却来自西南方向的热风并净化含有有毒颗粒的空气；蓝色区域包含一个巨大的盆地，能够对地下水起到清洁作用，同时为人类和动物提供适宜的自然景观。通过提供清洁的空气和水，这两个新的区域将应对都市规模下的气候变化和污染问题，使米兰的生态环境重获生机。

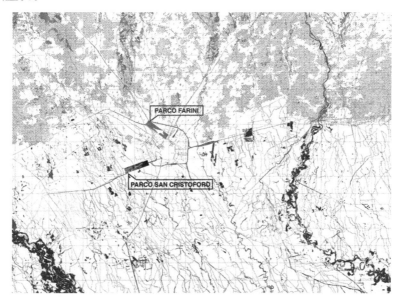

图7-5　斯卡罗法里尼规划设计的绿色区域和蓝色区域

2.项目所在区域气候背景及气候适应性设计对策

（1）项目所在区域气候背景

意大利整体位于欧洲南部亚平宁半岛，气候非常有特点，米兰位于意大利北部伦巴第大区境内，气候特征为夏季干燥炎热，冬季相对温和多雨，夏季最热月份平均最高温度29℃、最低温度19℃。在项目中有几个重要的气候问题需要通过本次设计进行调节：①米兰城区的主风向为西南—东北，项目所在地的西南方向为工业区及建筑密集区，热岛效应明显，热风从西南方向源源不断地吹来，给该地区居民带来了较差的热体验感。②西南方向的工业区不仅带来了热风，同时高分贝的噪声污染也影响着场地周边居民的日常生活，更严重的问题是带来了有毒颗粒污染物PM2.5，因此，对颗粒物的控制净化空气，是项目周围居民的迫切需要。③项目所在地有公共绿地资源，但较为分散，需要整合为人们带来优化的自然景观。

（2）气候适应性设计对策

为解决以上问题，设计团队首先将绿色区域内的大型绿地资源进行整合，形成一个大型公园（图7-6），为了达到更好的生态性与调节气候的作用，设计团队拓宽并加深了水体的面积，形成了小型的生态链，同时大量栽种树木，沿水系两侧排布，为项目周围的人们提供了一个休闲的自然场地。

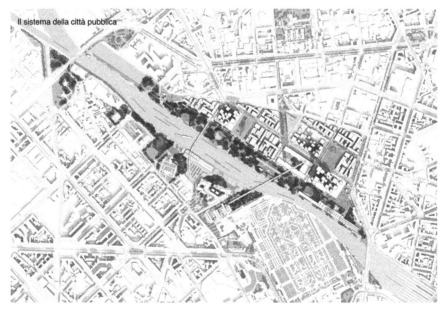

图7-6　斯卡罗法里尼城市绿色开放空间系统

在气候适应性对策方面，为解决西南方向的热风问题、工业区的噪声问题以及有毒颗粒物PM2.5等问题，设计团队对水系进行了加宽加深设计，同时，在树种方面，设计团队选择了杜仲树、槐树、白榆树。当西南风吹过时，树林与水系形成一道天然屏障，水体与茂密的树丛冷却了热风，林中茂密的枝叶可以起到滞尘的作用，同时帮助解决有毒颗粒物PM2.5，另外树林对噪声也有阻挡作用（图7-7），对上述气候问题起到了正面的积极效果。

图7-7 斯卡罗法里尼公园气候适应性生态循环

在项目设计中，除了考虑到对气候问题的解决外，设计团队还试图对城市发展过程中城市生态系统的改善提出可行的解决方法。在本次设计中，拓宽的水面和扩大面积整合绿地资源而形成的树林形成了更大的生态系统，这使得整个场地成为了两个火车站之间的一片大的气候调节器，调节了城市中过热的微气候（图7-8）。同时，在整个规划设计部分，也形成了自己的生物圈，相对稳定的生态系统有助于保持场地持久地为城市的气候问题提供正向影响，并真正形成有利于人与动物和谐相处的生态环境（图7-9）。

图7-8 圣克里斯托佛罗公园气候适应性生态循环

图7-9 规划效果图

意大利米兰斯卡罗法里尼规划设计，从一开始就着眼于重点区域的实际微气候与生态问题，面对工业区的污染、PM2.5、噪声和热风等问题，设计团队通过整合资源，扩张生态斑块面积提升生态性，为场地解决了一直存在的多个气候问题，同时也为周围居民提供了可以观赏自然风景的城市绿地。除此之外，整个规划设计中还有对场地土地随时间变化而建设的规划表，以及依据斯维洛普模型建立的随着意大利经济变化而与之相适应的城市规划。

7.1.3 比利时安特卫普公园"紧凑型"空间形态

1.项目概况

该项目占地6.5hm²，位于E313公路南部，包括园区、景观、172个社区公园、蓄水池以及一处小型停车场。项目时间为2011～2013年，设计单位为Martijn Anhalt。由于距离安特卫普较近，这里也显示了de Koude Beek谷特有的蜿蜒曲折。为了解决现有的水资源利用问题，设计者将四个河谷区域集成到了一起。

现有社区、新花园小区、绿色接缝和河谷集成为一个整体。道路网并联五个不同的地方，连接所有的主要位置，增加了这里的到访率。此地有时潮湿，有时干燥，花草树木繁多，动植物群丰富（图7-10）。

2.项目所在区域气候背景及气候适应性设计对策

安特卫普过去一直是城市热岛研究的主题。安特卫普位于比利时北部，属于温带季风性气候，夏季高温多雨，冬季寒冷干燥。

Toparlar等在比利时安特卫普公园微气候研究中，模拟了该公园对其周围环境的

图7-10 比利时安特卫普公园景观内视图

微气候效应[90]。他将城市公园取代广场和建筑物，其冷却强度分别增加2.4~2.7℃和3.0~3.3℃，冷却范围分别是400m和500m。将基础案例与建筑物的情况进行比较，从空间分布来看，在水平方向上冷却效果更加深刻，证实了水平分布的发现。在垂直方向上，冷却效果在较低的高度处更为深远。这可归因于两个方面：①由于对流，较冷、较密的空气位于较低的高度，靠近地面；②由于靠近地面的风速较小，冷却的空气停留更集中。

在夜间，树木的体积冷却功率为零。在调查的所有三个案例中，有趣的是都具有完全相同的太阳辐射，因此，这种变暖效果只能通过公园树木和建筑物对风流的影响来解释。当道路被公园树木和建筑物阻挡时，流动特性（即平均风速和湍流动能）受到影响。平均风速和湍流动能影响道路的平均表面传热系数[91]，这反过来影响垂直热交换机制。针对不同的案例的分析结果表明，在方形公园情况下，无阻碍的风流动导致街道表面上的传热系数更高，因此，在更高的垂直传热率（对流冷却）下，与其他案例相比夜间气温更低。

在城市公园的几何形状对热舒适性的影响方面，紧凑城市公园空间的辐射水平，风速和气温通常低于开放空间。在炎热的气候中，降低辐射和空气温度有助于实现热舒适的条件。然而，风速的降低使夏季的城市热环境恶化。可以通过诸如PET的热指数来评估这些综合效应。根据几项研究，紧凑空间中的PET值低于开放空间[92,93]，表明阴影的影响超过了影响减少风。这个结论得到了Andreou的参数分析支持[94]。他发现，阴影和暴露区域之间的PET差异为10K，而风速为3.5m/s和1.0m/s之间的PET差异仅为6.5K。从上述分析可以合理地得出紧凑空间在炎热季节提供比开放空间更好的城市热环境的结论。因此，与城市广场的情况相比，公园树木在夜间可以增加其周围的气温。如果这些建筑物在夜间需要加热，那么公园造成的这种影响可能对其周围的建筑物有益。如果还考虑建筑物和树木表面之间的长波辐射热交换，那么与其他情况相比，城市广场的夜间气温降低可能更加明显。

比利时安特卫普城市公园还考虑了最佳的植被布局，通过重新安排街道停车场的树木位置，保护该区域免受辐射。通过增加树木覆盖率并使用具有较大树冠的树木，可以进一步减少辐射。这一点同时也得到了Milošević等的支持，他们又通过模拟表明，与相同高度和直径的球形和锥形冠相比，圆柱形树冠更有效地减少了热应力[95]。Kong等研究了叶面积指数（LAI）[96]——叶面积与地面覆盖面积的比率，是量化的树木拦截辐射的效果。LAI越高表明叶片越密集，阻挡辐射的能力越强。例如，Shahidan等人通过现场测量证明，LAI是辐射过滤的重要参数[84]。平均LAI为6.1的树种能够减少92.55%的辐射，而平均LAI为1.5的树种仅提供79%的辐射过滤。

7.2　公园空间功能布局的气候调节与适应性策略

7.2.1　北京颐和园山水格局调节微气候

1.案例背景

颐和园是清朝皇室处理朝政、游猎出行、生活起居的绝佳之地，在记载颐和园的造园历史、相位选址、园林布局等等的相关史料中，都不免提到与优美的气候环境有着紧密的联系。北京大气候的主要特点是四季分明，冬季持续时间长（约5个半月），夏季其次（约3个半月），春秋较短且春（约2个月）略长于秋（50~56天）。春季干旱多风，夏季炎热多雨，秋季凉爽湿润，冬季寒冷干燥。风向季节性变化显著，降水比较集中。

2.颐和园的山水格局

自古以来，风水学说和自然山水思想便影响着中国城市、村镇、住宅、庭院等的兴建。要营造良好的空间结构，归纳起来是要符合"负阴抱阳"、"背山面水"的山水特征，追求"藏风聚气、聚而不散"的意境。颐和园就是按照这样与传统理想风水模式相一致的山水空间模式（图7-11）营建的，既满足了古人对于良好风水的向往，同时山、水、风、太阳辐射等自然元素也产生了舒适、宜居的微气候条件（图7-12）。颐和园（清漪园）在建设初期对于湖山的改造改变了山与水相对独立的状态，形成了"山环水抱、山水益彰"的自然景象。万寿山和昆明湖构成了颐和园的主体景观，占全园面积70%的水体将万寿山围合起来。在颐和园广阔的园林尺度中，由于水、陆性质的不同，易形成水陆风，对昆明湖周围陆地的微气候影响甚大。

3.山水格局对微气候的调节

颐和园独特的山水格局形成了鲜明的地形特征，北部依托万寿山，地势较高，南侧昆明湖水体开阔，地势低洼，且水域绕万寿山北侧向西延伸，在万寿山周围形成起伏较小的凹地形态。通过植被对地形的强化，从视觉上增加了山体的高度，且在体周围密植大树，使地形起伏更加丰富（图7-13）。

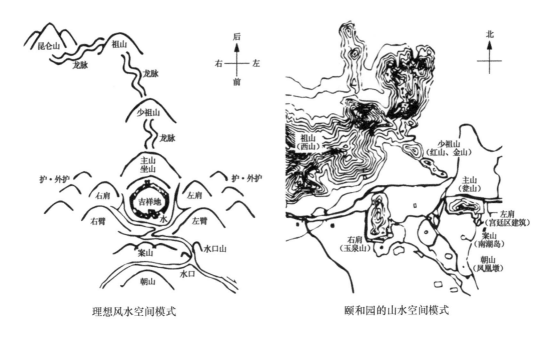

理想风水空间模式　　　　　　　　　颐和园的山水空间模式

图7-11　理想风水模式与颐和园山水模式对比

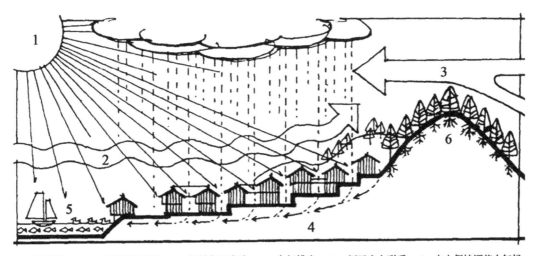

1. 良好日照　　2. 接受夏日南风　　3. 屏挡冬日寒流　　4. 良好排水　　5. 便于水上联系　　6. 水土保持调节小气候

图7-12　理想风水模式对微气候的调节

园内唯一的山体万寿山，海拔并不高，其坡向、坡度、形态是影响小气候的关键。万寿山的加高和东西向的延伸强化其挡风作用、后西河河谷挡风作用以及北坡起伏的山丘散风作用，有助于冬季挡风避风、减缓风速，扩大下风向的静风区域（图7-14）；削减了南坡山体坡度，以增加南坡冬季的日照面积；延续了北坡较缓的坡度，以保证冬季

图7-13　万寿山与昆明湖地形关系

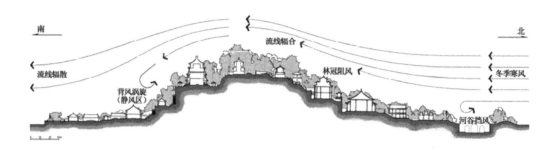

图7-14　万寿山控风示意图

充足的阳光，提高冬季气温；在北坡堆砌山丘形成南北向的山谷，有利于夏季遮阳、冬季挡风保温；同时，万寿山上的植被也是对其山体地形的强化，能形成密实的保温层，减弱南坡夏季过盛的太阳辐射，隔离北坡冬季的寒风，保证舒适的林下空间，缓和地形小气候引起的冬夏矛盾。

　　昆明湖面积和深度的增加使水体的调节作用最大化。昆明湖面积的扩大能加快蒸发速度、提高湖面的蒸发量，对万寿山及周围陆上空间进行降温增湿；昆明湖的增深，使储水量增加，可以使水域在夏季或白天吸收和蓄积更多的热量，有明显的降温功效，且在冬季和夜晚释放热量，具有保温作用。园内水域环抱的形态，主要位于夏季风的上风向，能不同程度地调节各个方向吹来的气流，在夏季对万寿山及周边陆上空间降温作用巨大。后溪河的开凿对后山的降温增湿有明显的贡献，同时昆明湖和后溪河连续的水面及其两岸地形和植被形成的夹道能将夏季凉风导向后溪河，产生狭管效应而使风速得到提高，有利于后溪河沿岸空气的流动，调节夏季湿热的气候环境（图7-15）。

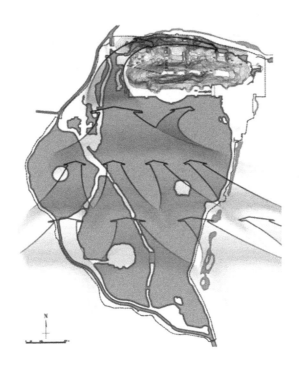

图7-15　后溪河的导风原理图

7.2.2　上海张家浜楔形绿地气候适应性设计

张家浜是上海拟建的8个"楔形绿地"中的首个建设项目，建成之后，它将成为上海市最大的公共公园。作为生态改善和城市更新的催化剂，张家浜公园打造了一片前所未有的湿地及林地栖息地，为这座逐渐远离自然体验的城市重塑了自然环境。为提升浦东新区居民的生活品质及该区域的生态水平，张家浜项目为自身设定了更高的目标。其复杂的生态结构与其整体性的解说计划，将会为作为世界最大的城市之一的上海注入崭新的环境观念。该项目中的景观策略对已有的人工化运河形态发出了挑战，它不仅会改善运河水质，更可以重建该地区的水生生态系统，从而提高生物多样性。通过细致严格的空间布局、地形利用、种植策略、水体设计和盛行风利用，该项目可提高空气质量及热舒适度，利用微气候的营造来缓解上海的城市热岛现象。通过多模式公共交通系统、公园振兴计划及与周边地区的城市肌理的重新缝合，项目相邻地区的发展也得以促进。

张家浜项目面临着多重挑战：场地因高架公路、高压电走廊等各种基础设施变得支离破碎，同时还面临土地荒废、垃圾场成堆等问题；渠化河道由混凝土砌筑，水质不佳，整个场地的生物多样性极低。Sasaki 设计公司尝试通过生态再生为这片土地注入活力（图7-16）。

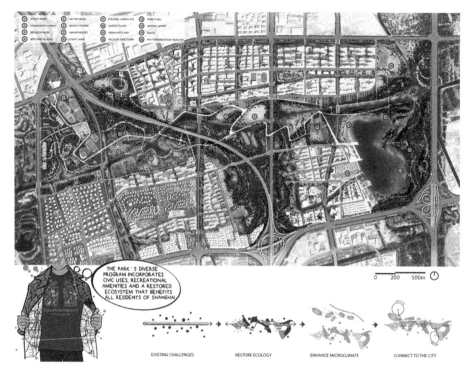

图7-16　上海张家浜楔形绿地城市设计平面图

1. 项目概况与概念设计

由于上海的持续高速扩张，很多农村土地均已用作城市用地，数十年的工业发展早已破坏了自然生态系统，野生动植物所剩无几，生物物理环境恶劣。整个上海都会区林冠覆盖率仅为10%，远低于中国城市的平均值（25%）。一系列生物学调查显示，所有研究涉及的类群的生物多样性及丰富度都有明显下降：上海地区的两栖动物多样性由14种降低至4种；城区的鸟类多样性较历史调查数据降低了63%；植物多样性也大幅降低。上海景观恢复的迫切性不言而喻，这也成为了张家浜公园设计策略的重要驱动因素（图7-17）。

张家浜公园将新建215hm²的混生林，并营造61hm²的新生湿地栖息地，以为场地中113hm²的开放水域提供生态服务。需要对现有的张家浜河道及其支流进行综合性生态恢复，以改善水质、重建该地区水生生态系统的生物多样性。而这一恢复网络同样需要具备防洪及为野生动植物（包括成千上万迁徙至此过冬的鸟类）提供栖息地的功能。原有的浅水湖地形经过重新设计，被改造为一个水域面积31hm²、最大深度达14m的湖泊。深浅不一的水下环境、多样化的人工鱼类栖息地，以及自然中心/孵卵处促进了该地区水生生态系统的恢复（图7-18）。湖区的东侧是低矮的森林小丘，西侧则是高密度的城市核心地带。方案中沿湖泊东侧设计了大片新生湿地，作为涉水鸟类保护区。这一区域远离公路、铁路及其他人类活动活跃的用地，游人可由附近山丘顶部的观景台瞭望此处的景

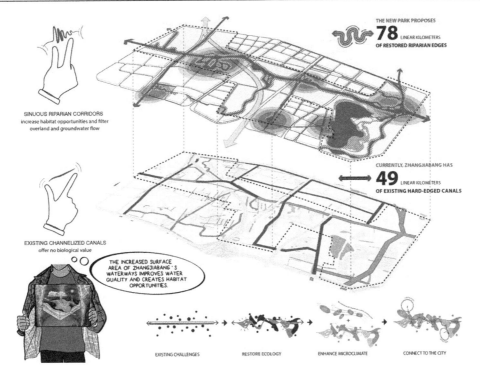

图7-17　上海张家浜楔形绿地生态与水系系统建构

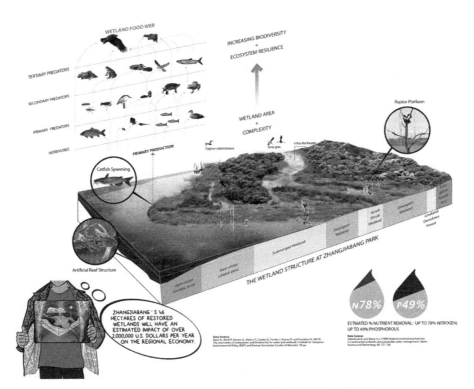

图7-18　上海张家浜楔形绿地水生动物生境系统建构

致（图7-19）。项目中的土方工程大大提高了微型栖息地景观的多样性，同时阻隔了附近道路交通对场地带来的噪声和空气污染。场地内的河道经过改造成为了流淌坡度较缓的河流，以最大程度地去除水中的营养物质并减少固体悬浮物。此外，场地中的两大农业区域也将被改造成为面积为12hm²的社区花园，花园中的不同地块将以乡土植物为篱分隔，既丰富了场地的物种多样性，又提升了附近居民的生活品质。

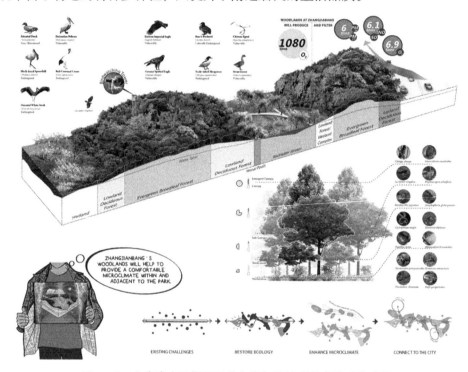

图7-19　上海张家浜楔形绿地鸟类与植被群落生境系统建构

2.项目所在区域气候背景及气候适应性设计对策

（1）项目所在区域气候背景

上海属亚热带季风性气候，四季分明，日照充分，雨量充沛。上海气候温和湿润，春秋较短，冬夏较长。2013年，全市平均气温17.6℃，日照1885.9h，降水量1173.4mm。全年60%以上的雨量集中在5月至9月的汛期。项目区域地处北纬25°～35°亚热带大陆东岸，是热带海洋气团和极地大陆气团交替控制和互相角逐交绥的地带。

（2）气候适应性设计对策

项目在设计过程中对气候条件进行了细致的模拟，通过地形改造、种植策略及经过计算的空间协同效应最大程度地改善热舒适度及空气质量。其中，包括了林冠与水体的交替出现，开放空间的设计也利用当地夏季盛行的东南风，促进了整个场地的自然降温，使场地四季宜人。基于大量已发表的科学数据，项目中微气候的设计对整体规划中生态系统服务将带来的社会生态效益进行了量化。据估计，张家浜公园中将种植至少10

万棵树木，这将为整个场地带来切实的微气候效益并有效减少污染。现有的数据表明，得益于微气候的营造，公园中的气温可比上海市区低3~7℃，这对于身处热浪中的市民而言将是一大福音。而公园中相对较深的湖泊也可利用其处于上风向的优势，促进热传递与蒸发降温，为整个公园带来阵阵宜人凉风（图7-20）。

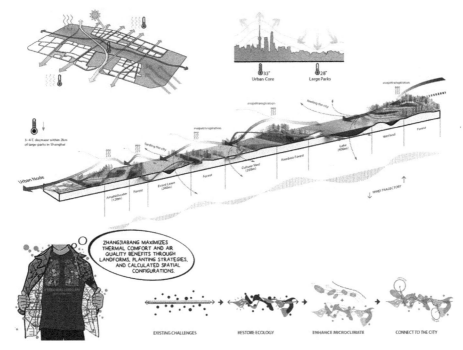

图7-20　上海张家浜楔形绿地气候适应性设计传导

7.2.3　美国科罗拉多DBX农庄基于日照的功能分区

1.项目概况与概念设计

项目位于美国的科罗拉多州，场地海拔7800英尺（2377m）。这片场地自19世纪以来一直是邻近牧场的废料堆放地（图7-21）。几十年来，干枯的植物、有机材料、卵石和垃圾层层叠叠，在干草草甸旁堆积出一个12英尺（3.66m）高的"丘陵"。项目占地3.5英亩（14164m²），废土掩埋着成堆的木头与残骸，形成了一片既不美观又毫无生机的人工坡地。强烈的日光照射、猛烈的盛行西风和不断变化的温度以及严寒的冬雪影响着关键的设计参数，比如户外设计、植物种类选择以及特殊结构的尺度。

2.基于日照分析的户外空间微气候设计

设计师通过太阳能分析（图7-22），模型模拟和可视化表达得出了解决该问题的设计决策，成功创造了适用于户外活动的环境。通过对夏季（6月20日）、秋季（9月20日）、冬季（12月20日）三个实验日的日照环境分析，得到分布于整个场地内的日照强度，依据人们活动对于日照的需求来合理布置场地的功能，图7-22以夏季为例，将适合

图7-21 科罗拉多DBX农庄场地初始条件

MICROCLIMATE STRATEGIES FOR EXTENDED OUTDOOR USE

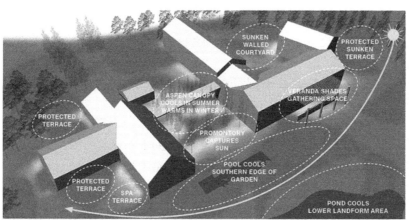

PLANNING FOR ACTIVITIES

 MORNING

Outdoor Dining for Breakfast
Morning Swim
Trail Walk
Master Bedroom Reading Terrace

 NOON

Central Courtyard for Lunch
Mid-Day Swim
Outdoor Reading Terrace
Recreation Lawn

 AFTERNOON

Outdoor Veranda for Reading
Mid-Day Swim
Secondary Terraces for Gathering
Trail Walk

 EVENING

Promontory Gathering Lawn
Central Courtyard for Dinner
Western Fireplace Terrace
Hot Tub

图7-22 户外延伸空间的微气候策略

于每天各个时段（清晨、上午、下午、夜晚）的活动类型合理地布置场地之中，如早餐、健走、游泳、阅读等。此外，还通过分析精准的计算，找出了适合各个季节的最佳聚会场地（图7-23），并在该场地周边营建水体、种植丰富的植物组团，为使用者提供良好的微气候条件。

3.植物水体对微气候的调节

池塘岸边三三两两点缀着云杉、小灌木、香蒲、莎草等水生植物群落（图7-24），郁郁葱葱的植被形成阴影，投落在水面上，降低了部分水域的温度，形成了适宜鱼类生长的栖息地。此外，景观设计师还为打造了一个包括曝气、增添微生物与臭氧等程序的水处理系统，以提高池塘中溶解氧的比例，创造健康可持续的水生环境。常见于传统农庄建筑的干草堆不仅阻挡了冬日寒冷的西风，同时也成为了建筑主空间与停车场之间的一道绿色屏障。

图7-23 秋季最佳聚会场地

图7-24 植物与水体的设计

7.2.4 美国纽约泪滴公园基于日照的功能分区

1.项目概况与概念设计

泪滴公园（Teardrop Park，也译为"泪珠公园"）是个位于美国纽约曼哈顿地区的社区小公园，位置居中，面积不大，如图7-25所示。设计师灵感来源于对天然野趣的追求，根据场地特点，在场地内创造起伏的地形和丰富曲折的空间，来摆脱场地及周围环境对设计的客观限制，在为周边居民提供休闲开放空间的同时，也唤醒了参观者对自然的憧憬[97]。

2.项目所在区域气候背景及气候适应性设计对策

（1）项目所在区域气候背景

由于泪滴公园位处曼哈顿区的最南端，临近哈德逊河，场地周围的局部气候条件使得未来公园中暴露的植被受到温度变化、日照强度、风的强度和降水量变化的影响比纽约其他区域要更为强烈[98]。

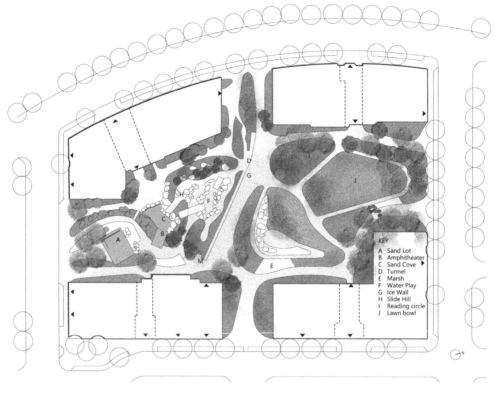

图7-25　泪滴公园平面图

　　基地异常局促，周边高层建筑围合，来自哈德逊河的干冷风贯之场地，使得场地大部分时间处于阴影当中，让人无法停留[99]，如图7-26所示场地条件局促狭长。

图7-26　泪滴公园场地鸟瞰

太阳光照分析表明，由于坐落在公园角落的公寓纵向长度过长，从65m到72m不等，造成大面积的阴影，日照时间比较短，尤其是基地南部处于长期阴影区，如图7-27光照分析显示。

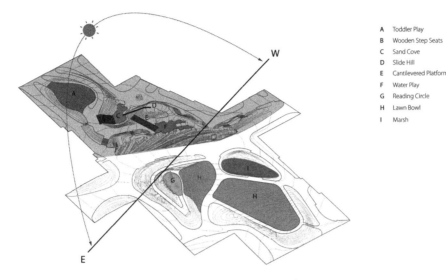

A　Toddler Play
B　Wooden Step Seats
C　Sand Cove
D　Slide Hill
E　Cantilevered Platform
F　Water Play
G　Reading Circle
H　Lawn Bowl
I　Marsh

图7-27　泪滴公园光照分析

（2）气候适应性设计对策

设计师大胆在南北两个区域间设计了一个"冰与火"的景墙，墙高27英尺（8.23m），长168英尺（51.21m）[99]，遮挡了来自哈德逊河的干冷风，优化了场地的微气候，更适合户外活动。公园南端依靠叠石，同时配置感应水池和沙湾，营造了不同类型的适合儿童活动的小空间[100]。用各色的沙地、岩丘和蜿蜒的道路加以布置，并在阴影区域设置玩沙、戏水、滑梯等多种游戏区，提高了场地的利用率，水景和地形变化给场地带来巨大活力。如图7-28，南侧视角的景墙和活动区，成为一个适宜户外活动的区域。

项目北侧区域则充分利用日照建造草坪和湿地，供人们休息和探险。基于场地北半部享有最长日照时间的现状，这里设置了两块隔路相对的草坪作草地滚球场，并特意稍向南倾斜以利于接收阳光。如图7-29，在北侧设计舒缓草坪并以曲线道路划成简单的地块，其主要适应群体是居住或者经过附近的中老年群体。

景墙两侧的区域在整个场地中分别担任不同角色，两侧的游览线路被分隔开，避免了功能流线的混乱，石墙的存在也限制了视线在场地间的穿透，保证了各边区域的私密性，整个场所的活动也因此变得更为自由。

3.气候适应性设计启示

泪滴公园的设计关键词是自然主义、空间个性和人性场所，它也正是凭借成熟的设

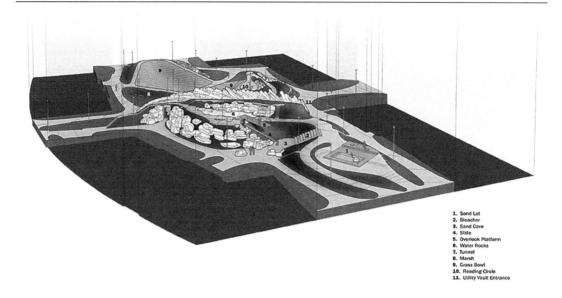

1. Sand Lot
2. Bleacher
3. Sand Cove
4. Slide
5. Overlook Platform
6. Water Rocks
7. Tunnel
8. Marsh
9. Grass Bowl
10. Reading Circle
11. Utility Vault Entrance

图7-28　泪滴公园南侧鸟瞰

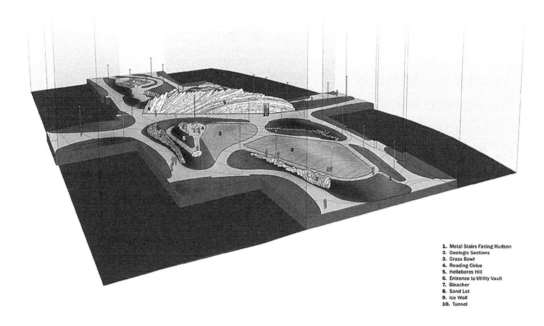

1. Metal Stairs Facing Hudson
2. Geologic Sections
3. Grass Bowl
4. Reading Circle
5. Hellebores Hill
6. Entrance to Utility Vault
7. Bleacher
8. Sand Lot
9. Ice Wall
10. Tunnel

图7-29　泪滴公园北侧鸟瞰

计手法和得到的良好的环境效应荣获了2009年美国景观设计协会专业设计奖（ALSA）的综合设计类荣誉奖。纽约泪滴公园通过采用本地的自然设计元素和创新的设计手法，不仅为周边居民创造了一个绿色开放空间，而且还创造性地为儿童设计了不同寻常的游乐空间。

7.2.5　丹麦哥本哈根Taasinge广场来自雨林概念的设计

1.项目概况与概念设计

Taasinge广场位于丹麦哥本哈根第一个气候适应性社区的中心地带。项目设计灵感来自雨林概念[101]，雨水处理方式具有很高的学习和示范价值。作为人口稠密的城市区绿洲，广场未来能够应对大量暴雨。此外，它还为该社区提供了一个独特的绿色和可持续的地标。

设计者试图在Taasinge广场打造一个城市栖息地，让城市的节奏迎合自然的周期，以雨水的逻辑形成城市的环境。项目试图将居民的活动、水流的方式、社区内精确的几何结构，甚至哥本哈根的方言都与自然、与植被和水体的内在生长机制结合到一起。地形通过边缘过渡以及内外部关系来营造城市空间。通过不同的地形概念使得多种类型的空间与太阳的方向和周边的环境交互作用，使得Taasinge广场的使用方式也变得多样化[102]。

2.项目所在区域气候背景及气候适应性设计对策

（1）项目所在区域气候背景

哥本哈根春季寒凉干燥，夏季较为凉爽，秋季天气阴沉多雨，冬季寒冷；受到海洋影响，实际上体感并不会太寒冷，主要的消极气候因素是多云、潮湿、降雨和多风。哥本哈根全年降雨频繁，且分布均匀。冬季寒冷，日照时间短，昼夜温差小，且时常阴天。冬季风很强，降水量不大但频繁，有时温度急剧下降。

2011年7月的一次倾盆大雨给哥本哈根造成了估计超过900万欧元的损失。在城市北部的圣凯尔德（Saint Kjeld）等街区，人们越来越频繁地感受到极端天气条件的影响。例如，在Taasinge广场附近，20世纪30年代典型的裸砖建筑的地下室经常被淹没，可能是因为它们下面的土壤正在积聚从广场上排出的水[101]。

（2）气候适应性设计对策

①享受阳光

休闲草坡：由于丹麦冬季漫长且日照时间短，因此居民在阳光充足的季节通常非常享受日光浴。西部Solskrænten草坡（图7-30）在设计时考虑到日照方向，采用南向坡面，同时考虑到高地的休闲用途，采用乔木和草地作为植被类型，利于休闲活动时享受舒适的日光。

中心空间：在哥本哈根，阳光区通常比阴影区更受欢迎，因此场地中部的Torvet广场（图7-30）作为中心空间，被营造成阴影最少、阳光最充足的空间，使得该场地全年都可以成为玩耍、聊天、喝咖啡的地方。

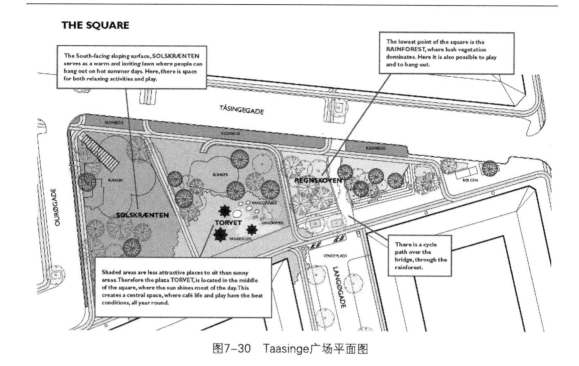

图7-30 Taasinge广场平面图

②耐盐植被

由于哥本哈根冬季既有降雪也有降雨，且有时温度骤降，因此存在冰雪路面问题，需要撒盐来缓解。考虑到此问题，该项目在为近道路处选择植被时，选择了耐盐植被。

③雨洪管理

哥本哈根原本降雨频繁，近年的气候变化导致哥本哈根城市雨洪问题恶化。因此，城市雨洪管理是该项目的一个重要主题。

景观装置方面（图7-31），广场配有两种景观装置："水滴"和"雨伞"（图7-32）。"水滴"装置，顾名思义，形状像巨大的水滴，表面材料能够映射出天空，并可以攀爬。广场下设置三个大型储水容器，周围的屋顶雨水会被收集进入其中。其中一个"水滴"装置，可以通过手动泵释放存储的雨水，并通过铺装营造的渠道引向雨水花园，用以浇灌。"雨伞"装置，能够在收集雨水同时提供蔽雨场所。

雨水分离方面（图7-33），由于流经城市道路的雨水通常受到污染，且冬季的雨水可能含有盐分，因此该项目在广场与城市道路的边缘，以洼地的形式，单独设置道路雨水的引流通道，其中较薄的土壤层可以过滤污染。道路雨水最终会被引入海水，因此盐分将不会成为问题。

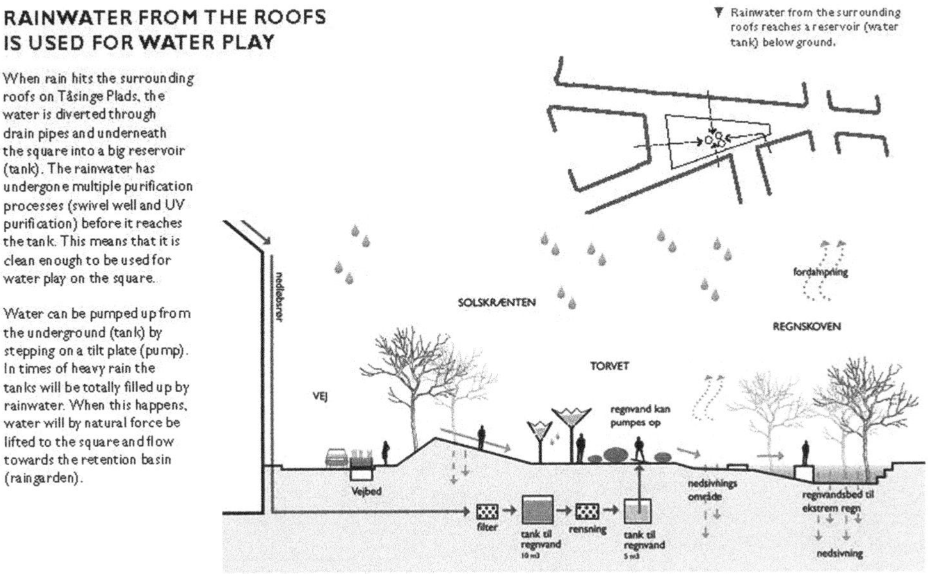

图7-31 Taasinge广场景观装置雨水收集流程图

图7-32 Taasinge广场"水滴"和"雨伞"

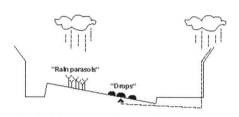

It is not possible to infiltrate water coming from road surfaces, into the local area, as it could be contaminated and may contain salt, which can affect the groundwater. Therefore, road water will flow into the roadside swales, where it infiltrates through a thin layer of filter earth. The filter earth filters contaminants, e.g. oil. The road swales contain

infiltration trenches. On the long term the road verges will be connected to the cloudburst solution on Tåsingegade. From here, the water will be transported to the harbour, and salt concentration in the water will not pose a problem. In total, Tåsinge Plads separates more than 7000 m² rainwater from the sewers.

▲ The rain falls on the ground, where it infiltrates. During heavy rain, water will run the eastest path to the lowest point.

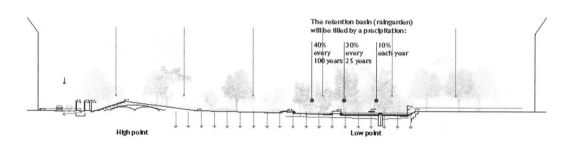

图7-33　Taasinge广场雨水分离流程图

7.3　公园景观要素的微气候调节策略

7.3.1　加拿大多伦多雪邦公园乔草加水域组合

1.项目概况与概念设计

雪邦公园涉及两个非常不同的城市公园设计模式：一是为人们提供一个可以逃离城市生活混乱的宁静的空间，另一个则是为人民提供一个进行社会交往的、有吸引力的城市绿色空间。基于标志性的湖边风景让人想起多伦多历史悠久的海岸线，组成公园的主要空间分别建立在树林、水、绿地的理念之上。这两种不同的城市公园设计模式在表达公园的三个不同空间时融合在一起。

公园的设计可以说是一种地形改造。整个建筑造型是园林设计师与美学家、土木工程师共同合作的结果。设计师的构思说明，好的建筑造型和优美的城市设计并不是对立关系，而是相互补充的关系。各类构筑物可以说是多伦多雪邦公园的连接者，比如，凉亭连接了滑冰场、水道、草坪及户外空间等（图7-34）。

2.项目所在区域气候背景及气候适应性设计对策

（1）项目所在区域气候背景

多伦多地处加拿大的南部，城市位于北纬43°，属于温带大陆性湿润气候。跟我国

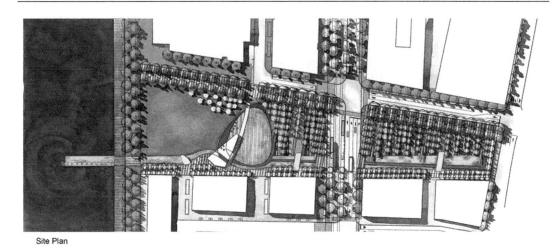

Site Plan

图7-34 雪邦公园平面图

长春纬度相同，与哈尔滨纬度（北纬44°～46°）相近，同样的一年四季变换，同样的植被，同样重要的区位优势，同样深处内陆。因此，多伦多气候较为温和，拥有加拿大较为暖和的春季和夏季。多伦多四季分明，春天短暂；夏季湿热；秋天阳光普照，气温怡人，午间温度有时上升到夏天的水平；冬季寒冷漫长，季节一直延至四月中。

随着城市化的迅速发展，城市人口急剧增加，使城市形成了特有的气候，进而引发了众多环境问题。城市中心区域温度高于其他周边区域或农村的温度，该现象称为城市热岛（urban heat island，UHI）效应，城市热岛效应在城市中已是最典型的气候特征，反映了城市发展对周围环境的影响，一直备受人们的关注。国内外大量研究者研究发现，不管城市在何纬度、在沿海还是内陆，不论地形、环境如何，都有一定程度的城市热岛效应。加拿大多伦多是加拿大最大的城市、安大略省的省会，也是加拿大的政治、经济、文化和交通中心，是世界著名的国际大都市。多伦多的城市特点是各种各样的城市形态：市中心以金融区的高层建筑为主，许多建筑物的高度超过100m；然而，随着城市向外扩张，形态变为中层和居民区的混合，通常由单独的住宅组成。由于其城市属性，多伦多的高层建筑比北美任何其他城市都要多，所以，虽然多伦多地处北温带，属于温带大陆性气候，但由于上述原因，仍然造成其城市热岛现象不可避免地发生。

（2）气候适应性设计对策

初步研究结果表明了城市设计对户外空间和城市冠层的微气候的重要性[103-105]。已经证明了一些详细的城市规划技术的影响，例如绿色屋顶或城市植被在温暖和寒冷气候下[106,107]。为缓解城市热岛效应加剧，改善城市气候环境，提高气候热舒适性，多伦多政府在安大略湖畔启动了雪邦公共公园重建复兴项目，公园全长横跨逾两个街区，皇后码头大道将其分隔为南端与北端两部分，从安大略湖延伸至湖滨东大道（图7-35）。

图7-35　雪邦公园鸟瞰图

已有研究表明，不同下垫面类型组成，在对微气候的变化影响上也有所不同，水域、硬质铺地、乔灌草、乔草和草坪5种不同下垫面类型，在一天当中的温度、湿度、风速也各不相同：在气温变化上，呈现硬质铺地＞草坪＞乔草＞水域＞乔灌草的趋势，说明乔灌草的降温效果最好，起到"冷岛"效应，其次是水域，硬质铺地的温度甚至比参照点都要高一些，草坪也基本起不到降温的效果。湿度变化上，5种下垫面类型相对湿度的变化特征不是很明显，总体上呈先降低后升高的趋势。早晚时刻湿度达到最大值，午后14:00湿度值最低，此时，水域的相对湿度最高，其次是乔灌草区域，硬质铺地和草坪相对较低。风速对微气候影响主要呈现为，硬质铺地区域的风速总体最大，乔灌草区域的风速最小，树林的结构、植物的郁闭度、结构疏密度、顶界面的遮蔽程度，对会对风速产生影响，风速的变动直接影响温度的变化，从而呈现不同的微气候。植被覆盖率越高、郁闭度越低的地方风速越大，微气候环境越适宜[108]。

雪邦公园主要由"树林"、"草地"和"水域"三部分组成，"树林"由通过一片延伸到皇后码头大道的、细心安排的延伸的枫树林，以及一条正在翻新的、将公园一分为二的滨水大道（人行道、自行车道、运输通道与机动车道）诠释。枫树林到皇后码头大道的延伸连接了公园的南北部，并沿街营造出一种强烈的视觉效果。

"水系"通过公园内的一系列道路进行诠释。公园实际上是一个庞大的雨水收集设施，对雨水进行收集与净化，最终排入安大略湖中。水元素的表达既从物质上，也从空间上连接了公园的南北部。安大略湖畔标志性的自然空地通过"草地"得到很好的展现。从"树林"开拓出的开阔草坪由与亭子毗邻的广场/舞台围合，为人们观赏安大略湖光景色提供了场地。

公园北部深入相对气温较高的城市腹地，枫树林加水域的景观元素组合可以最大化地发挥乔木和水域的降温增湿作用，这种设计对于缓解城市内部热岛效应起到了积极的作用，同时，由于高大茂密的乔木阻碍了空气的流动，公园南部湖面上温度较低的空气与公园北面的市区内温度较高的空气无法充分进行热量交换，所以在一定程度上对缓解城市热岛效应产生了负面影响。

由于乔草组合和水域对微气候的降温增湿有着非常显著的影响，公园中部的景观结构在最大限度产生冷岛效应改善公园周边环境微气候的同时，也为人群休憩活动提供了具有较为舒适的微气候环境的活动空间。公园南部的下垫面为草地，研究表明，草地在降温增湿方面的效果不显著，但由于公园南部紧邻安大略湖，湖水表面温度相对较低的空气可以与草地上方温度较高的空气产生热交换，从而降低草地上方空间的温度，因此为在绿地上进行休闲活动的人群营造了一个较为理想的热舒适环境。

3.气候适应性设计启示

作为加拿大获得绿色能源与环境设计先锋奖（LEED）金奖的首批公园之一，雪邦公园的设计成功地加入了众多可持续元素。其中包括：建造雨水处理项目；大量使用本土树种，有助于增加多伦多的森林覆盖率；使用耐旱植物，降低灌溉频率。另外，公园还大量使用乡土材料和透水材料，以降低城市热岛效应，同时分区域使用照明设备，以减少光污染。

雪邦公园是一个独具特色的公园。公园设计对景观、环境与可持续发展做出了巨大的贡献，并大力地宣传了风景园林学科对引领复杂大型项目的意义。风景园林学科的意义不仅仅在于公园设计，其对于城市设计、城市建设以及环境保护也的意义更是举足轻重的。

7.3.2　瑞典隆德理工学院校园公园凹地形地貌

1.项目概况与概念设计

隆德理工学院位于瑞典南部，校园风景优美。为扩大招生并给师生营造一个更加舒适惬意的休闲环境，学校决定改造校园内带巨大缓坡绿地与两个水塘结合区域，旨在解决异常贫瘠、缺乏生气的校园，进而增加可提供丰富社交生活的建筑密度，寻找针对这些不足的补救途径。

原场地平淡无奇，且毫无遮掩。场地区域被2个水塘包围，水塘过去是黏土采石场的遗迹，以前曾用于为砖块制造提供材料，2个黏土坑深深地陷入地下，现今被水充满。土坑的边缘极其陡峭，有些地方几乎与地面垂直。这里的小气候与校园其他地方不同，郁郁葱葱的植被使其不受风的影响。

2.项目所在区域气候背景及气候适应性设计对策

（1）缓坡处形成的凹地形地貌围合的空间能形成独特的微气候环境

地形作为城市景观空间的载体，为城市景观各要素如水体、绿化、景观设施等提供依附平台。根据城市不同的大气候背景及季节特征，针对景观空间的设计改造，宜充分利用微气候改善，以达到更舒适适宜的环境。

（2）大面积的植被及构成形式有效阻碍风速，营造舒适小气候

春季运用常绿植物和地形遮挡北侧寒风，运用透水性铺装和坡面排水改善路面积水，栽植杀菌植物抑止病菌滋生。夏季重点控制温度和湿度，可以通过增加植被、设置构筑物、改善铺装利用地形等手段减少热辐射；运用喷泉、水池和植被栽植调节湿度；预留通风廊道，设置热力差调节通风。秋季运用常绿植物和地形遮挡北侧寒风，通过植被、构筑、地形的遮挡减少强烈的紫外线照射。冬季利用南侧坡面增加太阳辐射，运用常绿植物和地形遮挡北侧寒风，利用能吸附粉尘和能分泌杀菌物质的植物改善空气质量。

（3）水体的尺度、位置和与植被的组合方式决定了空气的温度、湿度，以及产生局部气候舒适的条件

由于区域气候条件的差异，人们对户外微气候热舒适度的需求也不同。北方地区冬季空气干燥，但气温维持在零度以下，因此不适合运用水景增加空气湿度，此时自然水系处于结冰状态，人工水系要排空设备中的水分以防止造成冻胀、冻裂等设备的损害。在水景的设计过程中要考虑到枯水期景观环境的利用，防止资源、场地的浪费和视觉的污染，寒地水景面积不宜过大，减少冬季空旷荒凉的心理感受。

7.3.3 希腊塞萨洛尼基新海滨景观

1.项目概况与概念设计

该项目坐落于希腊塞萨洛尼基新海滨，沿着塞尔迈湾开发，占地面积23.88hm²，靠近大海是该项目的最大特点。该项目由Nikiforidis-Cuomo建筑事务所设计，获得了2000年塞萨洛尼基举行的建筑设计竞赛的最高奖。2014年，塞萨洛尼基新滨海景观完工，成为了当地居民和游客所周知的景点。

新滨海总长3km，从象征城市地标的白塔开始，一直到新城区的音乐厅。设计者依据基本的设计原理，创造了两个平行的区域，一个是防浪堤，另一个是内部的绿色花园。这两个区域在功能、规模和性质方面有很大的不同。在海岸的内侧，形成了每个都具有特殊主题特征的13个绿色空间，作为一系列"绿色房间-花园"——这个术语的选择，呈现了这样的意图：它试图在保持私密氛围的同时形成公共空间；它不是大型的"公园"，而是小型的"房间"（图7-36）。

图7-36　塞萨洛尼基新海滨鸟瞰图

2. 项目所在区域气候背景及气候适应性设计对策

（1）项目所在区域气候背景

塞萨洛尼基位于希腊北部，哈尔基季基半岛的西北角，濒临爱琴海北部的一个三角形海湾——塞尔迈湾（长100km，最宽处65km）的东北端形成的内湾塞萨洛尼基湾（长16km，宽8km）。塞萨洛尼基本身属于地中海气候，夏季干燥少雨，冬季较为寒冷。塞萨洛尼基以北属于大陆性气候，冬季寒冷。

（2）气候适应性设计对策

首先，考虑塞萨洛尼基新海滨中植被对风速的影响：塞萨洛尼基城市环境冬季常年受到海风的影响，其新滨海的树木增加了城市表面的粗糙度，并对气流造成拖延。多孔树木在减少城市气流方面的效果不同于固体建筑物。虽然建筑物在迎风方向和背风方向之间产生高压差，但树木产生的压力差因其多孔性而小得多。

其次，考虑塞萨洛尼基新海滨中植被对辐射的影响：树木有效地减少了城市开放空间的热辐射。通过反射和吸收，树木可以消除大量进入的短波太阳辐射。根据Brown和Gillespie的研究[109]，通常只有10%的可见光和30%的红外辐射通过树木传播。与建筑一样，树木有助于降低城市空间中的天空视角因子（SVF）。许多研究已经量化了树木下平均辐射温度的降低。Wang等在荷兰的现场测量证明，平均而言，树林中的平均辐射温度比开放空间低7.4K[110]。当太阳辐射低或没有太阳辐射时，树木可以通过捕获长波辐射来增加平均辐射温度。Morakinyo等研究表明，在早上7:00之前，树木阴影处的平均辐射温度高出2.5K，但日出后则相反[111]。

最后，考虑塞萨洛尼基新海滨水体的设计对微气候的影响：水的比热容约为普通建筑和路面材料（如混凝土、沥青、花岗岩、砾石和大理石）的比热容的四倍。当吸收相同量的太阳辐射时，水的温度升高比常规建筑物和路面材料小得多。因此，水体可以被认为是城市空间中的散热器。Chatzidimitriou等在夏季进行的现场测量表明，水的表面温度为26.2℃，远低于沥青（46.2℃）和灰色大理石（42.8℃）路面[112]。同样，Robitu等人通过模拟证明，夏季下午早些时候水面温度比沥青表面温度低25K[113]。较低的表面温度导致长波辐射减少，由较低的平均辐射温度表示。例如，Chatzidimitriou和Yannas在喷泉上方测量的平均辐射温度比沥青路面上方低4℃[112]。此外，水的蒸发降低了环境热量。由于环境空气和水面之间的对流传热，周围的空气被冷却。很明显，天然水体有助于降低城市空间的气温。根据现有的实验数据，Manteghi等测得在附近存在水体的情况下环境温度降低1~2℃[114]。

7.4　公园建筑物与构筑物被动气候控制策略

7.4.1　俄罗斯莫斯科Zaryadye公园被动适应

Zaryadye公园位于莫斯科市中心，距离圣巴西尔大教堂、红场和克里姆林宫只有几步之遥（图7-37）。经过5年的建设，该公园已于2017年9月9日正式对公众开放，这也是过去50年来首个在莫斯科开放的大型公园，开园不满一个月，游客参观数就超过了100万。"Zaryadye"这个名称来自15世纪末，当时红场是一个大市场，这个名称的字面意思是"排在后面"，指的是延伸到市场以外的东西。

图7-37　莫斯科Zaryadye公园鸟瞰图

Zaryadye公园占地35英亩（14.16hm²），紧邻圣巴西尔大教堂、红场和克里姆林宫，承载着俄罗斯的集体记忆和不断发展的愿望。在1940年底，这里为斯大林第八摩天大楼开工建设了一个地基。但是那几年，Zaryadye 项目是苏联建设项目中进展最缓慢的一个。1967年，由建筑师德米特里·切丘林（Dmitry Chechulin）设计的俄罗斯酒店终于竣工（该酒店在使用不到40年后被拆除）。建筑师谢尔盖·库兹涅佐夫（Sergey Kuznetsov）说道："酒店拆除后，这里被废弃了6年，在尤里·卢日科夫（Yuri Luzhkov）任市长期间，政府考虑了若干商业房地产开发项目，包括建筑师诺曼·福斯特（Norman Foster）的建议，最后在2012年，莫斯科政府决定在这里建造一个多功能公园。"2012年，莫斯科市政府和首席建筑师谢尔盖·库兹涅佐夫组织了一场设计竞赛，将这座历史上被私有化的商业园区改造成一座城市公共公园。2017年，由Diller Scofidio + Renfro （DS+R）和Hargreaves Associates以及Citymakers领导的国际设计联盟的设计从来自27个不同国家的90份设计意见书中脱颖而出（图7-38）。

图7-38　莫斯科Zaryadye公园平面图

当时的竞赛组委会顾问 Daliya Safiullina 在接受采访时说："该项目所面临的挑战是要为莫斯科创建一个现代公园的典范，因为自1958年以来莫斯科没有建设任何类似的项目。我们希望建造一个露天博物馆，并让它成为这个城市的天际线，一个能让广大市民用来欣赏莫斯科美丽景色的平台，在这个意义上，获胜者的飞桥方案成为了公园的精髓。"

1. 项目概况与概念设计

Zaryadye作为莫斯科50年来第一个大型公园，提供了一个不容易分类的公共空间，公园、城市广场、社交空间、文化休闲一应俱全。自然景观被覆盖在构建的环境之上，在自然和人工、城市和农村、室内和室外之间创造了一系列元素对峙，景观和硬地景观的交织创造了"野性都市主义"、"混合景观"等概念，意图营造"自然与人造共存"的新型城市空间。古色古香的Kitay-Gorod区特色元素和红场铺满鹅卵石的铺路石与克里姆林宫郁郁葱葱的花园相结合，创造了一个兼具都市和绿色的新公园。定制的石材铺装系统将硬地景观和景观编织在一起，创造出一种融合——鼓励游客自由漫步（图7-39）。

图7-39　莫斯科Zaryadye公园景观节点

设计方案的主要理念是"贴近大自然的都市生活"——这是一个复杂的理念，它要解决的是大自然和人文社会之间的共生关系，在这里，植物和人都具有同等的重要性。Diller Scofidio + Renfro的合伙人Charles Renfro表示："Zaryadye公园是一个公共空间，我们不愿意将空间简单化分类。这里应当是公园、城市广场、社会空间、文化设施、娱乐枢纽或者其他公共场所。为了保持最大的可控性，我们的设计将景观面积限制在竞赛公告所要求的14000平方米范围内，从而产生了自然与人工、城市和乡村、内部和外部这样一系列的相对元素。"Hargreaves Associates建筑事务所首席建筑师Mary Margaret

Jones说："我们希望能够创造出一些流畅的有机的东西，让游客可以在公园里自由的活动。为了达到这个目标，我们把红场用的铺路石引入到了公园里，并且我们把公园的森林延伸到了圣巴西尔大教堂，创造出了一种混合景观，将自然景观和建筑融合在一起，共同创造出一种新的公共空间。"Diller Scofidio+Renfro的合伙人Brian Tabolt补充道："这种融合是那些通常不会融合在一起的元素，比如人行道和植物，或者是自然景观的城市景观。但在Zaryadye公园里，可以将它们叠加在一起，在这里，这些是可以共存的元素。"此外，该方案还展示出了一种能够反映出俄罗斯多样性的自然景观，如草原、森林、湿地和苔原（图7-40）。公园在设计上受这些生物群落的启发，从东北向西南延伸，并在具有可持续性人工微气候的节点上重叠，这些节点在全年不同季节拥有不同的功能。

图7-40　莫斯科Zaryadye公园多样化的生态群落

2.项目所在区域气候背景及气候适应性设计对策

（1）项目所在区域气候背景

莫斯科属于温和的温带大陆性湿润气候。极端气象十分频繁。12月开始漫长的冰雪消融期，降雪量大，平均年积雪期长达146天（11月初～4月中），冬季长而天气阴暗。1月平均气温-10.2℃（最低-42℃），平均每年气温零度以上的天数为194d，零度以下的天数为103d。夏天气温偏低，阴雨连绵。7月平均气温18.1℃（最高37℃）。总计全年天气晴朗时间1568h，年平均降水量190～240mm。降水高峰期为8月和10月，降水量最少的是4月。冬季多刮西风、西南风和南风。自5月开始西北风和北风较为频繁。

（2）气候适应性设计对策

①建立多样的生物气候区

Zaryadye公园营造出苔原、草原、森林、湿地四类俄罗斯典型自然景观风貌，从东北方向向西南方向延伸，通过不同生物群落对温湿度的调节、风环境以及太阳辐射的影响，使这个公园形成四种典型的生物气候特征。同时，四类生物群落与公园内可持续性人工微气候节点相重叠，以保证气候适应性节点在全年兼备不同的气候调节功能与使用功能。

②被动气候控制策略与季相性设计

为了应对莫斯科长期寒冷的冬季，公园内采用了被动的气候控制策略以及新建筑技术。公园内设置了五个展览馆、两个露天剧场和一个爱乐音乐厅等休闲娱乐场馆，为游客提供了可以遮风避雨的半封闭与封闭空间。其中，局部区域的玻璃覆盖系统还能够促进主动和被动的气候控制策略，扩展生物群落的微气候调节效应，延长公园的使用时长，并确保游客可以在公园里享受到各种季节的带来的气候变化。这些被动的气候控制策略包括调整公园内的小型景观山体、亭子以及圆形剧场的玻璃外壳等。玻璃外壳内的温度随游客量上升而逐渐上升（图7-41），通过温暖空气的自然浮力减小风速，延长植被的生物周期。在寒冷的月份里，温暖的空气会被保留，而在夏天，电动玻璃面板会打开，将热量从屋顶散发出去。这些自然区域提供了聚集、休息和观察的场所，与表演空间和封闭的文化亭相协调（图7-42）。同时，公园内的封闭空间可以提供温度、风力以及光照的调控，以保证其全年全天候运转。

增强的气候条件允许公园一年

（a）

（b）

（c）

图7-41　Zaryadye公园被动气候策略——玻璃外壳活动区域

图7-42　莫斯科Zaryadye公园被动气候策略——半封闭活动区域

四季都可以使用，一系列的被动气候控制策略以及季相性设计为城市景观设计提供了新框架。

7.4.2　瑞典斯德哥尔摩S:t Erik 室内公园智能屋顶

1.项目概况与概念设计

项目所在地是人口密集的交通枢纽，毗邻文化活动丰富的景点Vasaparken。该项目的灵感来自于瑞典斯德哥尔摩市现行结构规划Promenadstaden（可步行城市），希望增加城市中非盈利性的公共空间数量。S:t Erik室内公园的设计者希望提供一个全年都能舒适使用的、可持续的、生态友好的公共空间，成为全年龄段和各种兴趣爱好人们的"游戏、社交、沉思和文化体验的公共空间"[115]。公园建筑由6个不同大小和形状的原型屋顶构成，采用木材和玻璃作为主要建筑材料，整体轻盈优雅，高度23m，与毗邻建筑物体量相似，成为城市中心的受保护的绿肺[116]。

2.项目所在区域气候背景及气候适应性设计对策

（1）项目所在区域气候背景

斯德哥尔摩春季寒凉干燥，温度变化反复，5月仍然可能天气变冷；夏季凉爽短促，日照充足，早晚温差大，8月下旬降雨开始频繁；秋季天气阴沉多雨，日照时间很快缩短；冬季寒冷干燥，有降雪，平均温度在冰点以下。

（2）气候适应性设计对策

①智能控温

设计者构筑了一个智能控温空间来应抵御冬季的寒冷：智能圆顶不仅耐腐蚀、可回收，且在一年中大部分时间可以自行加热，在寒冷季节还可以利用邻近地下停车场中汽车尾气的热量进行加热。

②植被

由于斯德哥尔摩冬季寒冷漫长，因此城市中缺少植被。但有了智能屋顶的保护，S:t Erik 室内公园则可以让居民一年四季都享受美妙的植被，成为城市中心的绿肺（图7-43）。

图7-43　S:t Erik 室内公园植被示意

③阳光

由于秋冬季节光照时间短，为了充分利用有限的阳光，智能屋顶选用了透明的玻璃材质，让居民即使在室内也仍然能够享受阳光（图7-44）。

图7-44　智能屋顶的透明材质

7.4.3　荷兰乌得勒支麦西玛公园生态凉架

1.项目概况与概念设计

麦西玛公园（前Leidsche Rijn公园）位于荷兰（2020年起对外宣传改用国名"尼德

兰") 乌得勒支, 是1997年举办的一个设计竞赛的获奖作品。其设计理念是, 在荷兰乌得勒支西部一个新的住宅环境小区建设中, 围绕邻近的3.5万户郊区住宅, 创造3个"边缘"公园。

这3个"边缘"公园由三部分组成, 第一部分是莱茵河畔河曲的重新挖掘, 第二部分是一个9km长的生态区, 第三部分是围绕公园的核心4km长的生态凉架。在设计的最初阶段, 已形成在游客最集中的中心区域构建标志性凉架的想法。乌得勒支市对这两个公园提出了一系列很高的要求, 涉及可持续性、视觉体验、保养维护和百年的寿命跨度等等, 路径的设置和构筑物的高度在公园的区域规划中也已有明确的规定。

2. 项目所在区域气候背景及气候适应性设计对策

(1) 项目所在区域气候背景

乌得勒支市是荷兰中部城市, 乌得勒支省的省会, 阿姆斯特丹—莱茵河沿岸的重要港口, 水运中心、铁路枢纽, 工业有钢铁、机械、电器、纺织、金属加工等, 人口32.5万 (2015年), 是国际工业博览会所在地以及贸易和文化中心。乌得勒支也是荷兰第四大城市。

由于临近海洋, 以及受北大西洋湾流的影响, 荷兰属温带海洋性气候, 因此其日温差和年温差都不大。沿海的平均温度在夏天约为16℃, 冬天约为3℃; 内陆夏季和冬季的平均温度分别约为17℃和2℃, 但这并不等于极端的温度决不会出现: 在荷兰出现过的最低和最高温度分别为-27.8℃和38.6℃。尽管春季降雨通常比秋季为少, 但一年四季的降雨量分配相当均匀。每年的降雨量约为760mm。地区间的气候差别不大, 但南北间300km的距离对温度的确有些影响, 平均年夏季天数 (气温高于25℃) 在南部约为25d, 而在北部的瓦登群岛则大约少5d。

(2) 气候适应性设计对策

通过精细的技术与建筑设计, 方案最终满足了所有的条件, 获得建造一期1000m²生态凉架的许可。项目一期工程于2013年春季竣工, 随即在凉架基部进行攀援植物的种植 (图7-45)。

图7-45 麦西玛公园生态廊架

　　不同于典型的木制、木质砖砌混合、钢材、网状或是钢缆材料的凉架设计，这个6m高的凉架既独立又与其他混凝土预制组件相互关联，拼合构成整体。在这里，混凝土材料的耐久性和可重复性被充分利用，其造型能力——曲线、切面、光影、肌理、浮雕、压花等各种可能性也在设计中被最大程度地发挥。项目在制造工艺和模具品质上都投入了大量的时间和精力，并充分考虑了混凝土组件的组装以及密度限制，这使得最终的预制组件线条纤细、造型优雅。整体的蜂巢凉架拥有柔滑的表面和明亮的白色，这使它看上去无比柔软和可亲近。

　　拥有蜂巢形态的生态凉架，随着时间的流逝，将会被葱茏的绿色植物所覆盖。平滑的凉架表面将逐渐爬满藤蔓植物，而凉架的背面，岩浆石的粗糙的肌理则为苔藓等附生植物创造了生长条件。同时，这种"内"与"外"的可辨识性也有助于游客在公园之中辨别方向（图7-46）。

图7-46　麦西玛植被廊架

　　除标准拼合单元（600cm×300cm×60cm；3.5t）之外，凉架也融入了一些特别设计和制造的曲线拼合单元，因此整体形态上不会出现乏味的直线和规则的形状。通过运用向内和向外的曲线拼合单元，凉架摇摆于历史的场景和现实的林地之中。尽管网状结构频繁地出现在视线中，游览者却看不到它的起点或终端。蜂巢状结构看上去像是在光影之中旋转，曲线拼合单元也带来了一种雕塑般的质感（图7-47）。

　　凉架跨越主要交通或河道时，会用两个尾声组件形成关口。尾声组件由一个结尾拼合单元和一个过渡拼合单元组合而成，它能够反射出凉架的路径系统。结尾拼合单元用埃舍尔（Maurits Cornelis Escher，1898～1972，荷兰版画大师）所启发的装饰图案，即蜂巢网状图形逐渐转化成不同种类的动物图案，而这些动物都是麦西玛公园的生态居民，如梭子鱼、蝙蝠、蜻蜓、青蛙等。

图7-47 植被组合单元

凉架的基本功能是环绕核心公园的一个50hm²的绿色庭院——宾恩霍夫（Binnenhof，内园区）。它包含了树林、水道、行人专用区、游乐场和正面大道，是一个僻静的绿色核心世界。生态凉架下部的支柱形成一个个拱门，欢迎参观者在任何时候、任何位置进行穿越。传统的公园通常配有门与墙。麦西玛公园延续了这种传统的"内在"的围合感，但同时亦融合了更为民主的设计手法：参观者可以穿越任何地方。由于大量攀援植物种植于基部，生态凉架同时具有生态功能和植物性功能。临近荷花池，凉架的一部分有特殊设计，用于种植开花植物；而其他部分显得"宁静"，用于生物多样性的养护。在这些"宁静"的区域中，蜂巢结构作为框架用于安置特殊的"蝙蝠之家"、猫头鹰巢、罕见攀援植物（蕨类植物）基板箱等装置。学校的参观团以及"麦西玛之友"协会参与这些装置的维护。

7.4.4 加拿大魁北克"冬日栖所"景观装置

1.项目概况与概念设计

魁北克的冬天阴郁而冰冷，白天较短，人们大多留在家中，与外界少有接触。本设计"冬日栖所"是一个测试性的装置，设计师希望可以通过该设计试探出北方寒冷气候下的公共空间的开发潜力，最终将寒冷季节中的不适与舒适区分开，为人们在寒冷冬天的室外提供一些可停留的景观空间。

学者通过研究发现，天气因素是影响室外活动的决定性因素，其中低温、强对流和潮湿的环境都会降低市民室外活动的活力和兴趣，并直接降低城市的户外活动数量。对寒地城市来讲，漫长的冬季使城市处在长时间的低温环境中，还有寒风带走室外空间中的热量使得温度变得更低，给在室外活动的人带来了较差的体感。本次设计具有一定的实验意义，设计者通过对一个装置的设计和实地测量，验证设计中墙体对空间外的寒风所起到的阻挡作用和对内部暖气流的保护作用是否能形成局部微气候温度差，令人们对寒地冬季的室外更有出行动力。

2.项目所在区域气候背景及气候适应性设计对策

（1）项目所在区域气候背景

魁北克省位于加拿大东南部，北濒北冰洋，西接安大略省和哈得逊湾，东临拉布拉多地区和圣劳伦斯湾。魁北克市位于圣劳伦斯谷地，地理位置相对靠北。从气候方面来看，魁北克市为大陆性气候，夏季平均气温5~25℃，冬季较为寒冷，平均温度为-10~-25℃，北部地区最冷的记录曾经达到-60℃，冬季降雪量约为3m。

（2）气候适应性设计对策

为了抵挡严寒冬季的风，本设计通过弧形的墙体将公共空间进行分割，围合出一个相对封闭的小空间。在这样的设计下，墙体对围合空间不仅起到了边界的作用，还起到了抵挡周边寒风的作用（图7-48）。墙体的内部有部分被挖空，成为可以停留的座椅。当冬季来临，内部的小空间设计配合三面包围的弧线墙，可以使小空间的内部温度升高，墙体的设计不仅将冬天的寒风阻挡，也使得内部的暖气流可以停留更久，形成局部的微气候，使得设计装置内部的温度相比外部更高，从而给室外的人提供可休息的公共空间。设计者用这样的设计也鼓励更多的人在冬天走向室外。

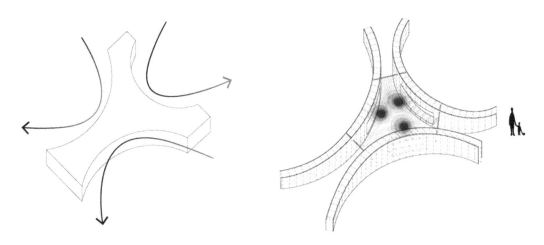

图7-48　弧线墙体分割空间

寒地城市面临着几个制约城市冬季景观的问题：寒冬季节城市植物多数干枯，给人荒凉感；气温较低，不适合长时间停留；寒风吹走人身上的热量，给人较差的热舒适感。针对上述问题，"冬日栖所"设置了冬季常绿植物点缀空间环境，在冬季也给人生机感；在座椅空间中放置了毛毯，供人使用——不仅从材料上选择让人感到更加温暖的木材，添加御寒的物品也是鼓励人们多在室外空间停留的设计（图7-49）。

图7-49 "冬日栖所"景观

3. 气候适应性总结

哈尔滨作为我国典型的寒地城市，气候特征与加拿大魁北克市有一定的相似之处，因此对魁北克市的案例研究对我国寒地景观的改善具有很大的借鉴意义。寒地城市的冬天普遍具有一些共性问题：景观单调、局部微气候环境较差、缺少绿色植物、气温较低且强风带来较差的体感等，这些问题都在不同程度上制约了寒地城市景观的发展，也限制了生活在寒地的人们在冬季出行和在室外空间的停留。"冬日栖所"装置设计对上述问题的解决提出了具有实验性的计划，通过设计，围合出相对温度更高的环境，给使用者带来更好的冬季室外体验，这是寒地城市利用设计改善冬季微气候的一种有益尝试（图7-50）。

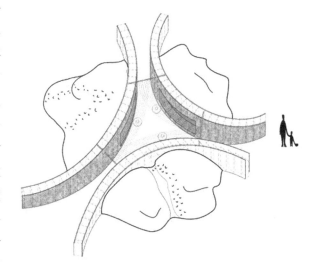

图7-50 "冬日栖所"装置示意图

7.4.5　丹麦哥本哈根Dome of Visions公园透明穹顶

1.项目概况与概念设计

这个项目位于丹麦哥本哈根主要运河边缘，位于港口较为显著的位置。项目的设计灵感来源于未来主义的概念。这个圆顶一样的公园仿佛是哥本哈根港口的一个纪念碑（图7-51）。它是一个典型的具有可持续性的项目。设计者试图利用在丹麦随处可见的木材进行解构和重建，以体现的设计的可持续性和实践性，创造一个良好的开放空间，鼓励周围的居民在较为恶劣的气候下依旧可以在这个公园里进行活动。这个小型的公园内有扩展的植物种植高架床和灌溉系统，还有一个太阳能窗帘，整个温室和穹顶也有完整的检测系统。该项目为居民提供了一个社交、娱乐、文化体验的公共空间。

图7-51　Dome of Visions 公园

2.项目所在区域气候背景及气候适应性设计对策

（1）项目所在区域气候背景

虽然丹麦纬度较高，但是哥本哈根属于温带海洋性气候，四季温和，夏季平均气温最高约为22℃，最低约为14℃，而冬季的低温约在-2.4℃左右。降雨量并不是特别大，但全年四季皆有雨。冬季仅有少量降雪。项目所在的哥本哈根港口，年平均气温最高为28℃，最低约-2℃，1月中旬到2月下旬为冰冻期。尽管平均气温不低，但由于冬季日照时间较短，阴天较多，多云且风强，降水频繁，因此伴随着降雨温度下降急剧。

项目位于哥本哈根港的运河旁的开敞空旷的场地，周围没有任何树木，旁边是丹麦皇家图书馆和博物馆等建筑。由于项目在运河旁，水体和陆地受热不均会形成河陆风（图7-52），且冬季气温低且河边易形成强风，会严重影响居民的舒适度，此外哥本哈根冬季阴天降雨频繁，无法满足居民冬季在户外进行活动和社交的需求，因此，当地居民需要有一个供他们社交休息娱乐的公共场所。获得更多的阳光，抵御冬季降雨和持续的强风，是该地区迫切需要解决的问题。

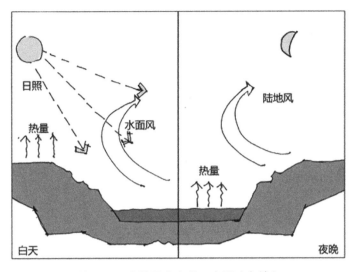

图7-52　水陆风产生的示意图（自绘）

（2）气候适应性设计对策

①风环境控制

环境风对人体的作用有两种，一种作用是强风对人体的直接"力学效应"，侧重于安全性。相比于城市内部，河岸附近的风力较强，这种风力对人们的活动会产生直接的干扰。该项目利用当地本土的木材作为骨架，配合CNC 切割的透明聚碳酸酯板，有着非常稳定的结构，可以抵御强风的力学效应（图7-53）。

图7-53　稳固的结构

环境风的另一种作用则是风和空气湿度、相对湿度、太阳辐射共同对人的个体热感觉产生的"热舒适度效应"。Steadman 指出，低温时风的冷却作用更加明显[117]。由于哥本哈根的冬季阴天相对较多，且居民位于运河边，环境风会让他们的热舒适度更差。该项目创造了一个相对封闭的环境，冬季时在阻挡了强风后，通过穹顶顶部的可开启构件配合底部的入口处来完成穹顶内部风环境的更新。夏季的时候，这种透明的封闭空间会产生温室效应，但由于这种立面的材料是模块化，易拆卸，可以拆卸掉部分外立面材料达到室内外互通的效果，尽量获得有效的通风。此外这种透明聚碳酸酯板有很好的透气性，空间内外有缓慢微小的空气互换。当温度过高时开启屋顶的构件，实现烟囱效应，产生空气对流，在内部产生让人体舒适的风环境。穹顶下的小型温室的室内气候数据都会被智能设备实时监测，以便及时调整室内的环境舒适度。通过以上的措施控制，无论哪种季节都可以获得较好而稳定的风环境，时刻保持良好的空气质量（图7-54）。

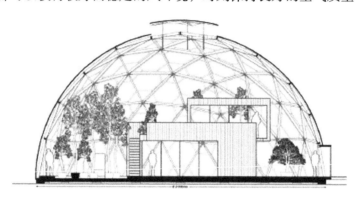

图7-54　可开启屋顶剖面图

②植被

项目相对封闭的环境可以打造一个完美的小气候环境，即使在冬季也可以打造一个小型的花园，其植被的种类多样，由桉树、橄榄树、葡萄藤、桃树、苹果树、草药和鲜花组成（图7-55）。植物的遮阳、蒸腾作用会影响空间场所的温度。植物的密度、形状、尺寸和位置可以控制空气温度及周围场地的表面温度[118]。植物的种类和形态影响吸收和遮挡太阳辐射的能力，造成降温效果的差异。透明的外壁让整个公园几乎是完全裸露在阳光下，设计者种植的较高的树木，形成了良好的遮阴效果，同时可以增加空间效果。穹顶内植物不受气候的制约，夏季可以有效地阻挡太阳辐射，冬季也会形成小的温室，有效地调节内部环境。良好的植被搭配，对人的热环境舒适度和心理感受都有着非常好的调节作用。

③日照环境

由于哥本哈根的阴天较多，居民可以享受阳光的时间非常宝贵，此外，受水陆风的影响不能获得较好地享受阳光的场所环境，因此整个穹顶选择全透明的材料，阻挡强风的同时，尽可能地争取阳光，可以让居民充分地享受阳光。项目内配置了多处座椅，地面也铺设地板方便人们就坐。穹顶内部空间只有少量的植物遮阴，以最大限度地获得日照，使这里成为居民可以聊天、社交、喝咖啡的优质场所。此外，还可通过植被的布置来适当地增加阴影区，让日照并不强烈。相比温度给人的体感舒适度，太阳辐射则对人

图7-55　植被组合

的热舒适度影响更敏感。气温每升高1℃带来的舒适度变化，太阳辐射仅用70W/m²即可抵消[119]。太阳辐射对空气直接加热的作用很小，仅有0.02℃/h，而太阳辐射加热空气主要是通过辐射地表散热来实现。充足的阳光会给相对密闭的空间带来温室效应，可开启屋顶并通过室内的温度监控来实现调节。因此，最大限度地获得直接的太阳辐射，让日光直接照在人的身体上获得的体感温度，要比加热周围空气的温度要更高效。所以，项目设计成全透明的是非常合适的选择（图7-56）。

④温度控制

项目有独立的温度监控。平日的太阳辐射是一部分温度的保证，但冬季阴雨天较多，不能全靠太阳辐射来满足公园的温度需要。为了冬天能让居民和访客可以有较好的热舒适度，设计增加了两个额外的加热源。其一是项目专门设计的移动炉灶，由砖块、黏土、马粪和亚麻籽油制成，带有水平烟囱。这是一个主要的温度控制加热源。另一个是独特的瑞典空气水泵（图7-57）[120]。在监控温度的同时，可以很好地调节相对封闭的公园空间，温度可以通过开启的天窗有效地调节。经过温度控制的公园，可以让这里的居民获得一个舒适的社交娱乐空间。

该项目是丹麦哥本哈根的港口区域的开放公园，建筑师力图打造一个可持续的移

图7-56 穹顶的透明材质

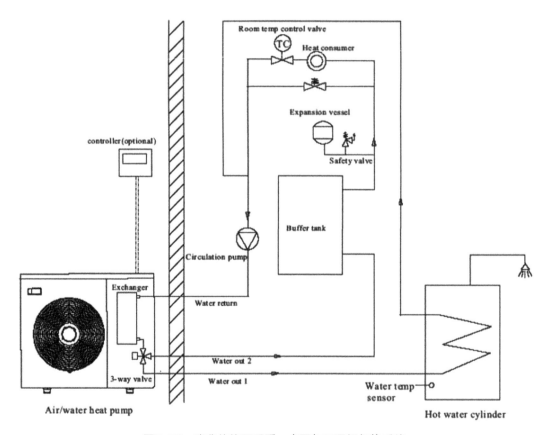

图7-57 瑞典的热泵采暖：水泵加三通阀切换系统

动公园，作为样本，公园可以复制到世界各地。在自然条件不好的地区，打造一个相对较为封闭的公园，可以有效地打造微小气候，更好地提高舒适度。Brown等[109]和Bosselmann等[121]认为，太阳辐射和风环境是影响绝对舒适度的主要因素，因此控制好这两个因素就能获得较好的热舒适度。该项目对风环境的控制程度很高，几乎可以做到自由调节的水平；尽量争取太阳辐射是该项目选择透明材料的目的；在阴天没有阳光的前提下，还可以利用自带的加热源来满足内部空间的热舒适度需要。

7.4.6　加拿大多伦多防洪邻公园可移动防风屏障

1.项目概况与概念设计

该公园所在的区域是20世纪末工业园区的残留用地，近几年由于极端天气频发，该区域经常受顿河洪涝的侵袭，洪水威胁着多伦多市。此外，多伦多冬季较长，为了能让居民有一个冬季户外活动的场地，政府决定建造一个城市公园，并将公园与防洪结合起来。该公园地下有4m高的泥土下层结构，让洪水朝南部的湖泊流去。公园东面是防洪区，西面则是干燥的区域，用于设计休闲活动空间（图7-58，图7-59）。

2.项目所在区域气候背景及气候适应性设计对策

（1）项目所在区域气候背景

多伦多地处加拿大的南部，属于温带大陆性湿润气候，气候颇为温和，拥有加拿大较为暖和的春季和夏季。但多伦多冬季较为漫长，一直延续到4月中旬。其四季较为分明，春季短暂，夏季湿热，秋季阳光较好且气温怡人，冬季漫长且多雪。冬季平均气温在-6.7℃左右，但多伦多近几年也遭遇过极端气候，冬季最低温度曾达到过-32.8℃。冬季户外运动成为多伦多市民的继续解决的问题。

（2）气候适应性设计对策

①地形设计

为了防止洪水侵袭，公园将沿河的部分起坡，形成了750m长的防洪高地，坡地高差

图7-58　多伦多防洪公园全貌

4m，且起坡较为缓慢形成缓坡。坡地与城市交接，该坡地可以抵御500年一遇的洪水。坡地设计不仅仅是为了防洪，沿河的坡地对公园基地内部的微气候有着非常好的影响。沿河的边坡如果是缓坡，非冰冻期可以增加公园内的湿度，并可以降低公园的温度。由于沿河会产生水陆风，公园内部的风环境也会受边坡的影响，缓坡设计可以有效地将风导入公园内部，形成良好的风环境（图7-60）。

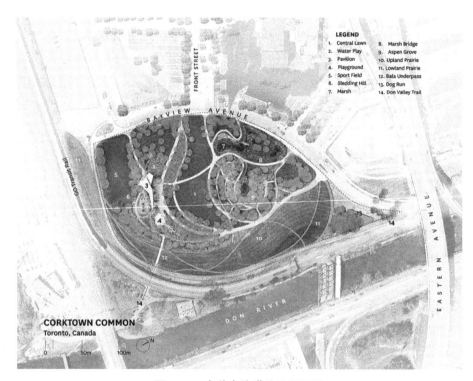

图7-59　多伦多防洪公园平面图

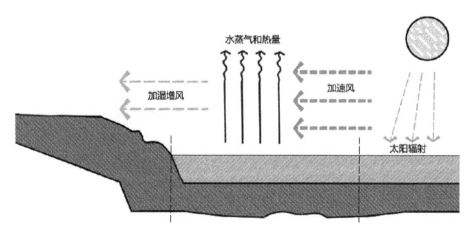

图7-60　多伦多防洪公园滨水边坡微气候示意图

②植被设计

山坡上种植的是来自安大略本土的原生植物种群（图7-61），朝向南部的铁路附近布置了较高的乔木群，种植的大型乔木带对河边形成的水陆风以及季风强风有很好的防护。此外，这种乔木的降噪能力很强，乔木带阻挡了外围的铁路、高速道路等基础设施给公园带来的噪声。

图7-61　多伦多防洪公园内的植被

③防风策略

冬季居民进行雪地徒步或滑雪活动，需要一处可以保暖和社交的场所。公园内的中心活动场所区域设计了临时的休闲场所。四季之中，各式各样的娱乐休闲活动都能在此展开。其夏季可以遮阴，冬季可以防风雪。由于冬季的风强，且容易带走人体的热量，因此需要有好的防风措施，设计者设计了隐藏在柱子中的可以移动的玻璃防风屏障，来有效阻挡冬季的强风。即使是冬季，居民也可以在这个相对封闭的空间内进行社交，它可以广泛的应用于严寒地区的冬季公园景观设计之中（图7-62）。

④温度设计

为了可以在冬季进行户外的休闲活动，保温是一个必要措施，因此，公园在临时小品中设计了一个壁炉，为户外活动的人提供了一个可以取暖的社交空间，创造了相对舒适的空间，满足了冬季活动居民的热舒适度需求（图7-63）。

多伦多防洪公园是一个典型的将公园景观设计与城市防洪结合完美的设计，公园除满足了其硬性的防洪需求外，通过地形的设计、植被群落的布置和防风、取暖等措施，

图7-62　多伦多防洪公园临时休息小品

图7-63　多伦多防洪公园加热壁炉设计

以及一些雨水回收的设施，创造了一个舒适的微小气候，为当地居民在冬季提供了一个舒适的活动场所。其中，防风和加热措施非常适合在严寒地区的公园设计中进行推广。

7.5　材料、色彩与微气候调节策略

7.5.1　美国新泽西州Tahari庭院材料强化气候差异

1.项目概况与概念设计

时装设计师Elie Tahari在纽约的工作空间以其感性的材料和不寻常的景观使用而闻名；他试图在一个郊区建筑中重现这种感觉，于是聘请MVVA为一个全落地窗的"盒子"添加一个舒缓的景观。为了做到这一点，MVVA创建了两个庭院，切割单层办公楼的屋顶，允许天气穿透结构的中心。该设计将阳光和暴风雪带入工作场所的日常中（图7-64）。

图7-64　Tahari庭院景观

2.项目所在区域气候背景及气候适应性设计对策

（1）项目所在区域气候背景

新泽西州大陆性气候特征十分明显，7月平均气温为21～24℃，1月平均气温为−2～3℃；州域西北角山地生长季不及100天，南部可长达255天；天气季节性变化，冬春受来自美国西北部干而冷的西北风影响，夏秋受来自美国南方暖而湿的气团影响；年降水量甚丰，各季均有，山地区年降水量可达1200mm，平原地区也超过1000mm；夏季有飓风灾害。

（2）气候适应性设计对策

材料的触觉和感官特性以及它们的位置可加强庭院中的微气候差异。西侧庭院中，在冬天阳光明媚的地方搭建了一个露台，另一个庭院的第二个露台则在夏天被遮蔽，形成河桦树、嚏根草、苔藓、河鹅卵石和黑蝗虫木板的精致构成（图7-65）。

图7-65　Tahari庭院冬夏不同的景观

7.5.2　丹麦哥本哈根超级线性公园色彩调节性

1.项目概况与概念设计

超级线性公园（Superkilen）是由丹麦BIG建筑事务所、Topotek1设计事务所以及SUPERFLEX设计团队联合设计的一个城市公园，场地约半英里长（805m），是一个与公共交通系统、自行车交通系统及步行系统无缝连接的文化多样性超级公园。

2.项目所在区域气候背景及气候适应性设计对策

项目位于丹麦哥本哈根市中心。哥本哈根属于温带海洋性气候，四季温和。夏季平均气温最高约为22℃，最低约为14℃，冬季的低温约在0℃左右。降雨量适中，但全年四季皆有雨。冬季仅有少量降雪。超级线性公园是一个超级的建筑、景观和艺术结合体，由鲜明的红色、黑色和绿色三个色彩区域组成，不同区域都有着自己独特的氛围和功能。该设计理念的出发点是将超级线性公园分成三种颜色的三个区域，利用不同颜色的视觉刺激给人冷暖的错觉。

（1）红色区域——温暖宜人

红色区域是为相邻的体育大厅提供延伸的文化体育活动空间。设计师大胆地运用红色，给人一种温暖的视觉感受，也让人有一种热情奔放的激情。红色区域选择鲜亮的红色、橙色、紫色等为基调色，除了给压抑的冬季带来活力以外还会给人以温暖的感受。地面是由不同纯度的红色板块，运用联合、相接、复叠和透叠的交叠方式交叠而成。其画面形式感极强，赋予视觉冲击力和空间张力，以明亮的色彩与形式为设计亮点。除此之外，两旁的建筑，都披上了红色的外衣。远远望去，一整面高纯度红色的墙，在视觉上形成暖色冲击力，在心理上赋予温暖感，与地面一起形成了空间三个界面的暖色设计（图7-66）。

图7-66　超级线性公园红色区域

（2）黑色区域——沉思冷静

黑色的区域的铺装设计以黑色地面上流动的白色曲线为设计亮点（图7-67）。白色曲线犹如流水的波纹，偶尔有一些小涡，缓缓前行，具有空间延伸感与不确定感。黑色区域则选择颜色较深的露骨料混凝土，能增强对太阳辐射的吸收，改善环境温度，是居民天然的聚会场所。除颜色外，材料的质感也是重要的考虑因素，光滑的材料能反射更多的太阳光，以保持自身的温度稳定，镜面材料能极大地反射太阳光线，改变周围的光环境；粗糙的材料会吸收更多的太阳辐射，给人以温暖燥热感。

（3）绿色区域——回归自然

相较于红色区域、黑色区域人工化明显的设计，绿色区域主要通过大片开敞的草地与微地形来营造适宜的小气候。绿色

图7-67　超级线性公园黑色区域

图7-68　超级线性公园绿色区域

区域因为受两侧建筑的影响，场地在一天中大部分时间都被阴影覆盖，因此绿色区域主要以大面积的草坪为主。温暖开阔的草坪吸引人民的停留与休憩，微微凸起的微地形增加了场地的趣味性。除此外，绿色区域还提供大型体育活动用地与一条经过几座小山坡的自行车车道（图7-68）。

7.5.3　北京颐堤港儿童活动场材料调节性

1.项目概况与概念设计

颐提港儿童游乐园项目位于北京市朝阳区酒仙桥附近，由丹麦BAM设计团队完成。北京的气候为典型的北温带半湿润大陆性季风气候，夏季高温多雨，冬季寒冷干燥，春、秋短促，全年平均气温14.0℃。冬季以偏西偏北风为主，风力强劲。夏季以偏东偏南风为主，风力较小。基于儿童活动的性质，该场地在微气候方向的设计旨在冬季提供充足的阳光与相对较弱的风环境、夏季提供遮阴与凉爽的感觉，因此该项目主要从选址与布局、遮阴、微地形以及材料构造四个方面来考虑景观的微气候适宜性设计。

2.项目所在区域气候背景及气候适应性设计对策

该场地位于颐堤港公园内，西临颐堤港商业建筑大楼，东面为开阔场地。西面的大体量建筑在冬季挡住来自西北的寒风，东面的开阔场地在夏季可以引入来自东南的微风。该场地与颐堤港商业建筑保持一定距离，以保证场地采光不受建筑阴影影响。颐堤港儿童游乐场主要由AB两部分组成，场地A的使用对象主要为2～7岁的儿童。该部分的场地概念是建立在公园空间的一个游戏室。设计师使用明亮的橙色圆圈和甜甜圈的形状在场地上方组成大型华盖，该设计不仅起到遮阳的效果还在房间的地形上投射俏皮的阴影（图7-69）。游戏区入口处使用两个大的木质长椅围合出一种安全空间。条纹橡胶"地毯"创造了一个柔软的和宽容的地板空间。孩子们可以选择从游乐设备和月形山包区来进行自己的游戏。除此之外，设计师也在场地合适的地方设置凉亭等遮阴构筑物为儿童与家长遮阴（图7-70）。

游乐场B部分的使用对象主要为7岁以上大龄儿童。该部分中心是一座具有一定高度

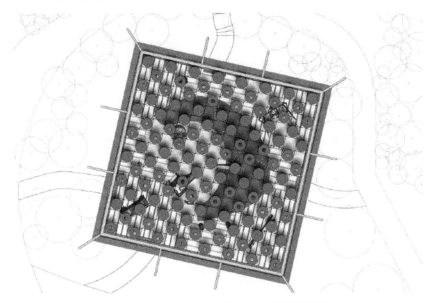

图7-69　颐堤港儿童游乐场A部分平面图

图7-70　场地A投影设计与地形设计

的"山峰"（图7-71），该山峰除了设计攀岩抓手和攀岩绳为孩子提供了一系列有趣的挑战外，还在山顶设计了豪华的白色大理石滑梯作为下山的快速路线。该山峰在冬季可以进一步挡住来自西北的风，为儿童创造相对较宜人的风环境。

　　除了考虑风吹日晒、光影的因素外，儿童游乐场地内设施的材料和色彩也同样重要。该场地的主体颜色为较为暖色系的橙黄色，在视觉效果上给人温暖明亮的感觉。在材料选择方面，游戏台面上选择使用木质与大理石材料代替高反射金属，金属面不仅在视觉上容易造成光污染，同时在阳光长时间照射下，温度不断升高也可能会将儿童烫伤。而木质材料的导热性较差，在寒冷的冬季也更适合人的休息停留（图7-72）。山顶处的滑梯采用豪华的白色大理石材质，在夏季可以为儿童带来凉爽的体验。场地的地垫选择了细纹橡胶"地毯"，质地柔软，有8cm厚（一般做到2cm就有弹性效果），这种设计一方面可保证儿童安全，另一方面可以起到地面隔热的作用。

图7-71　场地B儿童山峰设计

图7-72　场地周边木质座椅起到保温效果

图 片 来 源

图7-1～图7-3源自刘姝宇，谢祖杨，宋代风. 应对城市气候问题的当代德国城市设计——以斯图加特21世纪项目为例[J]. 新建筑，2018(05):144-149

图7-4～图7-9源自https://www.gooood.cn/oma-and-laboratorio-permanente-win-competition-for-scalo-farini-in-milan.htm

图7-10 源自http://bbs.zhulong.com/101020_group_201868/detail10127297

图7-11、图7-12、图7-14、图7-15源自黄正. 传统皇家园林颐和园的气候设计历史经验研究[D]. 西安：西安建筑科技大学，2014

图7-16～图7-20源自https://www.gooood.cn/zhangjiabang-urban-design-and-landscape-master-plan-shanghai-china-by-sasaki.htm

图7-21～图7-24源自https://www.gooood.cn/2016-asla-dbx-ranch-a-transformation-brings-forth-a-new-livable-landscape-by-design-workshop.htm

图7-25～图7-29源自https://bbs.zhulong.com/101020_group_687/detail32347525

图7-30、图7-31 源自http://klimakvarter.dk/wp-content/uploads/2015/06/T%C3%A5singeplads_pixi_2015_UK_WEB.pdf

图7-32源自https://www.ghb-landskab.dk/en/projects/taasinge-square

图7-33 源自http://klimakvarter.dk/wp-content/uploads/2015/06/T%C3%A5singeplads_pixi_2015_UK_WEB.pdf

图7-34 、图7-35源自https://www.gooood.cn/sherbourne-common-pfs-studio.htm

图7-36源自http://www.chla.com.cn/htm/2016/0119/245299.html

图7-37源自https://www.mlhang.com/article/10011979

图7-38源自http://www.hargreaves.com/work/zaryadye-park

图7-39源自https://www.mlhang.com/article/10011979

图7-40～图7-42http://www.hargreaves.com/work/zaryadye-park

图7-43源自http://www.utopia.se/en/projects/the-s-t-erik-indoor-park

图7-44源自http://www.utopia.se/en/projects/the-s-t-erik-indoor-park

图7-45～图7-47源自风景园林2014年第3期

图7-48～图7-50 源自ASLA官网

图7-51 源自https://ss0.baidu.com/94o3dSag_xI4khGko9WTAnF6hhy/map/pic/item/8c1001e93901213f7df9d50f5ee736d12e2e951f.jpg

图7-53 源自 https://www.sla.dk/files/6814/6606/4860/Large_HTP3.jpg

图7-54 源自https://assets.yellowtrace.com.au/wp-content/uploads/2014/10/Dome-of-Visions-by-Kristoffer-Tejlgaard-and-Benny-Jepsen-Copenhagen-Denmark-Yellowtrace-05.jpg

图7-55 源自https://assets.yellowtrace.com.au/wp-content/uploads/2014/10/Dome-of-Visions-by-Kristoffer-Tejlgaard-and-Benny-Jepsen-Copenhagen-Denmark-Yellowtrace-02.jpg

图7-56 源自https://assets.yellowtrace.com.au/wp-content/uploads/2014/10/Dome-of-Visions-by-Kristoffer-Tejlgaard-and-Benny-Jepsen-Copenhagen-Denmark-Yellowtrace-17.jpg

图7-57 源自http://www.chinakqn.com/uploads/allimg/151124/158-151124094Ia42.jpg

图7-58 源自https://www.asla.org/2016awards/images/172397/Corktown_3.jpg

图7-59 源自https://oss.gooood.cn/uploads/2016/11/Corktown_132016-asla--960x744.jpg

图7-61 源自https://oss.gooood.cn/uploads/2016/11/Corktown_42016-asla--960x654.jpg

图7-62 源自https://www.asla.org/2016awards/images/172397/Corktown_8.jpg

图7-63 源自https://www.asla.org/2016awards/images/172397/Corktown_10.jpg

图7-64、图7-65 源自https://mooool.com/tahari-by-michael-van-valkenburgh-associates-inc.html

图7-66～图7-68源自https://www.archdaily.cn/cn/601230/chao-ji-xian-xing-gong-yuan-slash-topotek-1-plus-big-architects-plus-superflex

图7-69～图7-72源自https://www.sohu.com/a/225057270_639144

参 考 文 献

［1］冷红，吕静，任超 等."寒地城市空间气候适应性设计"主题沙龙[J]. 城市建筑，2017(1):6-15.

［2］韩培. 基于生物气候适应性的寒地建筑适寒设计研究[D].哈尔滨：哈尔滨工业大学，2016.

［3］中国地理学会.城市气候与城市规划[M].北京：科学出版社，1985:171-173.

［4］刘玉莲，周海龙，苍蕴琦.四季分明是哈尔滨气候的显著特征[J].黑龙江气象，2003(4)：21-28.

［5］王永波，张治，周秀杰.哈尔滨气温的长期变化及基本态特征[J].高原气象，2012，31(2)：492-497.

［6］王克宝. 基于使用者行为的城市公园空间活力及影响因素研究[D].深圳：深圳大学，2018.

［7］孙灵喜. 灌木热湿特性及数值计算研究[D].北京：中国矿业大学，2015.

［8］文远高，连之伟.居住区绿化的降温效应与建筑节能[J].住宅科技，2003(6)：46-48.

［9］Pu Y Y. Worker of Vire Scence[M] .Chengdu :Electron Science and Technology University Press, 2004: 2-3.

［10］李印颖.植物与空气负离子关系的研究[D].咸阳：西北农林科技大学，2007.

［11］Klemm W, Heusinkveld B G, Lenzholzer S, et al. Street greenery and its physical and psychological impact on thermal comfort[J]. Landscape & Urban Planning, 2015: 87-98.

［12］Weng Q H. Managing the adverse thermal effects of urban development in a densely populated Chinese city[J]. Journal of Environmental Management, 2004, 70(2): 145-156.

［13］唐鸣放，王东，郑开丽.山地城市绿化与热环境[J].重庆建筑大学学报，2006，28(2):1-3.

［14］洪波，林波荣.基于实测和模拟的居住小区冬季植被优化设计研究[J].中国园林，2014，09:104-108.

［15］李飞.园林植物景观设计对微气候环境改善的研究[D].成都：西南交通大学.2013.

［16］李少宁，王燕，张玉平 等.北京典型园林植物区空气负离子分布特征研究[J].北京林业大学学报，2010(1):130-135.

［17］石彦军，余树全，郑庆林.6种植物群落夏季空气负离子动态及其与气象因子的关系[J].浙江林学院学报，2010(2):185-189.

［18］秦俊，王丽勉，高凯 等.植物群落对空气负离子浓度影响的研究[J].华中农业大学学报，2008(2):303-308.

［19］邵海荣，贺庆棠，阎海平.北京地区空气负离子浓度时空变化特征的研究[J].北京林业大学学报.2005(3):35-39.

［20］刘珍海.水体温湿降水效应的分布、特征及其产生的背景[J].水电站设计，1988(2):62-68.

［21］王浩. 深浅水体不同气候效应的初步研究[J]. 南京大学学报(哲学·人文科学·社会科学版)，1993，29(3):517-522.

［22］傅抱璞. 小气候学[M]. 北京：气象出版社，1994.

［23］高配涛，郝熙凯. 微气候在景观设计中的应用前景探究[J]. 中国轻工教育，2013(2):34-36.

［24］贺晓冬. 城市不同下垫面小气候特征对比研究[C]：第二十八届中国气象学会年会，厦门，2011.

［25］傅抱璞. 气流通过水域时的变性[J]. 气象学报，1997，55(4):440-451.

［26］李雪松，陈欢，方明扬. 滨水城市热环境与通风廊道关系研究——以黄石市为例[C]：《环境工程》2018年全国学术年会，北京，2018.

［27］Zeng Z, Zhou X, Li L. The impact of water on microclimate in Lingnan area[J]. Procedia Engineering, 2017, 205:2034-2040.

［28］Park C Y, Lee D K, Asawa T, et al. Influence of urban form on the cooling effect of a small urban river[J]. Landscape and Urban Planning, 2019, 183:26-35.

［29］Chen Z, Zhao L, Meng Q. Field measurements on microclimate in residential community in Guangzhou, China[J]. Frontiers of Architecture and Civil Engineering in China, 2009(3):462-468.

［30］王浩，傅抱璞. 水体的温度效应[J]. 气象科学，1991(11):233-243.

［31］李书严，轩春怡，李伟 等. 城市中水体的微气候效应研究[J]. 大气科学，2008，32 (3):552-560.

［32］杨凯，唐敏，刘源 等. 上海中心城区河流及水体周边小气候效应分析[J]. 华东师范大学学报(自然科学版)，2004(3):105-114.

［33］傅抱璞. 我国不同自然条件下的水域气候效应[J]. 地理学报，1997，52(3):56-63.

［34］李书严. 城市不同下垫面覆盖的微气候效应[C]：中国气象学会2006年年会，成都，2006.

［35］诺曼·K·布思. 风景园林设计要素[M]. 曹礼昆，曹德鲲 译. 北京：中国林业出版社，1989.

［36］齐璐. 园林小气候设计理论基础研究[D]. 西安：西安建筑科技大学，2013.

［37］黄寿波.我国地形小气候研究概况与展望[J]. 地理研究，1986(2):90-101.

［38］傅抱璞.起伏地形中的小气候特征[J]. 地理学报，1963:175-188.

［39］翁笃鸣.大寨大队沟、梁、坡地的小气候分析[J]. 南京气象学院学报，1978.

［40］孙松林. 基于气候因子分析的风景园林设计策略研究[D]. 北京：北京林业大学，2015.

［41］张家诚. 中国气候总论[M]. 北京：气象出版社，1991.

［42］覃琳. 地域气候与建筑形态[D]. 重庆：重庆大学，2001.

［43］杨柳. 建筑气候分析与设计策略研究[D]. 西安：西安建筑科技大学. 2003.

［44］徐祥德. 城市化环境气象学引论[M]. 北京：气象出版社，2002.

［45］Pag J K. Application of building climatology to the problems of housing and building for human settlements[C] Annual Meeting of World Meteorological Organization, Geneva, 1976.

［46］Meerow A W, Black R J. Chapter IX. Landscaping to Conserve Energy: A Guide to Microclimate Modification[M]. Revised. Gainesville: University of Florida, 1991.

［47］威廉·M·马什. 景观规划的环境学途径[M]. 朱强，黄丽玲，俞孔坚 等译. 北京：中国建筑工

业出版社，2012:306-339.

［48］李国杰. 基于热舒适度的哈尔滨步行街行道树优选研究[D]. 哈尔滨：哈尔滨工业大学，2016.

［49］陈宇青. 结合气候的设计思路——生物气候建筑设计方法研究[D]. 武汉：华中科技大学，2005.

［50］王明月. 基于微气候改善的城市景观设计[D]. 南京：南京林业大学，2013.

［51］徐煜辉，张文涛. "适应"与"缓解"——基于微气候循环的山地城市低碳生态住区规划模式研究[J]. 城市发展研究，2012(7)：32-36.

［52］卞晴. 寒地城市公园健身行为与微气候适应性研究[D]. 哈尔滨：哈尔滨工业大学，2017.

［53］扬·盖尔. 交往与空间[M]. 何人可 译. 北京：中国建筑工业出版社，2002.

［54］李斌. 环境行为学的环境行为理论及其拓展[J]. 建筑学报，2008(2):30-33.

［55］Proshanky H M，Ittelxon W. 环境心理学：建筑之行为因素[M]. 汉宝德 编译. 台北：境与象出版社，1986.

［56］郑明仁，聂筱秋. 大学较远户外环境热舒适性之实测调查研究[J]. 建筑学报，2009(69):1-16.

［57］胡阳琴. 冬季友好理念下的长春市住区公共空间设计研究[D]. 长春：吉林建筑大学，2015.

［58］赵春丽. 扬盖尔"以人为本"城市公共空间设计理论与方法研究[D]. 哈尔滨：东北林业大学，2011.

［59］缪雪莹. 哈尔滨城市公园体系的研究[D]. 哈尔滨：东北林业大学，2012.

［60］周烨.寒地城市公园健身步道春季微气候效应研究——以哈尔滨市兆麟公园为例[D]. 哈尔滨：哈尔滨工业大学，2017.

［61］赵冬琪. 寒地带状植物群落空间特征对春季微气候影响模拟研究[D]. 哈尔滨：哈尔滨工业大学，2018.

［62］庄晓林，段玉侠，金荷仙.城市风景园林小气候研究进展[J].中国园林，2017，33(4):23-28.

［63］张慧文. 城市滨水带小气候研究现状及前景分析[C]//中国风景园林学会. 2014年会论文集(下册). 北京：中国建筑工业出版社，2014:7.

［64］赵晓龙，卞晴，侯韫婧 等.寒地城市公园春季休闲体力活动水平与微气候热舒适关联研究[J].中国园林，2019，35(4):80-85.

［65］冯娴慧，褚燕燕.基于空气动力学模拟的城市绿地局地微气候效应研究[J].中国园林，2017，33(4):29-34.

［66］赵晓龙，赵冬琪，卞晴 等.寒地植物群落空间特征与风环境三维分布模拟研究[J].城市建筑，2018，33:58-62.

［67］Michael B, Heribert F. Simulating surface-plant-air interactions inside urban environments with a three-dimensional numerical model[J]. Environmental Modeling & Software, 1998, 13(4): 373-384.

［68］Rosheidat A, Bryan H, Hoffman D. Using envi-met simulation as a tool to optimize downtown phoenix's urban form for pedestrian comfort. In American[J]. Solar Energy Society, 2008, (8): 5398-5432.

［69］Website of ENVI-Met[EB/OL]. http://www.envi-met.com/, accessed in 2017.

［70］Mihailovic D T, Gualtieri C. An empirical relation describing leaf-area density inside the forest for environmental modeling[J]. Journal of Applied Meteorology, 2004, 43(4): 641-645.

[71] Mohamad F, Stephen S. Urban form, thermal comfort and building CO_2 emissions—a numerical analysis in Cairo, Egypt[J]. Building Services Engineering Research and Technology, 2011, 32(1): 73-84.

[72] 薛思寒, 冯嘉成, 肖毅强. 岭南名园余荫山房庭园空间的热环境模拟分析[J]. 中国园林, 2016, 32(1): 23-27.

[73] 宋培豪. 两种绿地布局方式的微气候特征及其模拟[D]. 郑州: 河南农业大学, 2013: 34-45.

[74] 马晓阳. 绿化对居住区室外热环境影响的数值模拟研究[D]. 哈尔滨: 哈尔滨工业大学, 2014: 4-67.

[75] Limor S B, Oded P, Arieh B, et al. Microclimate modelling of street tree species effects within the varied urban morphology in the Mediterranean city of Tel Aviv, Israel[J]. Royal Meteorological Society, 2010, 30(01): 44-57.

[76] 曹利娟, 杨英宝, 张宁宁 等. 绿地对居住区热环境的改善效果研究[J]. 地理空间信息, 2016, 14(2): 15-17+7.

[77] 秦文翠, 胡聃, 李元征 等. 基于ENVI-met的北京典型住宅区微气候数值模拟分析[J]. 气象与环境学报, 2015, 31(3): 56-62.

[78] 陈卓伦. 绿化体系对湿热地区建筑组团室外热环境影响研究[D]. 广州: 华南理工大学, 2010: 12-56.

[79] Skelhorn C, Lindley S, Levermore G. The impact of vegetation types on air and surface temperatures in a temperate city: A fine scale assessment in Manchester, UK[J]. Landscape and Urban Planning, 2014, 121(1): 129-140.

[80] Gabriele L, Juan A A. Comparative analysis of green actions to improve outdoor thermal comfort inside typical urban street canyons[J]. Urban Climate, 2015, 14(2): 251-267.

[81] Wesam M, Mohammad F, Germeen F. El-Gohary climatic sensitive landscape design: Towards a better microclimate through plantation in public schools, Cairo, Egypt[J]. Procedia Social and Behavioral, 2016, 216(1): 206-216.

[82] 李彬, 彭历. 模拟及分析街头绿地植物群落对夏季小气候影响[J]. 山西建筑, 2016, 42(11): 204-206.

[83] Mohamad F, Stephen S, Mahmoud Y. LAI based trees selection for mid latitude urban developments: A microclimatic study in Cairo, Egypt[J]. Building and Environment, 2010, 45(2): 345-357.

[84] Shahidan M F, Shariff K M, Jones P, et al. A comparison of Mesua ferrea L. and Hura crepitans L. for shade creation and radiation modification in improving thermal comfort[J]. Landscape and Urban Planning, 2010, 97(2): 168, 186-181.

[85] 王琪. 绿化对夏季室外热环境影响的实验研究[D]. 西安: 长安大学, 2010: 3-8.

[86] Shashua-Bar L, Hoffman M E. Vegetation as a climatic component in the design of an urban street: An empirical model for predicting the cooling effect of urban green areas with trees[J]. Energy and Buildings,

2000, 31(3): 221-235.

[87] 杜晓寒，陈东，吴杰 等. 街谷几何形态及绿化对夏季热环境的影响[J]. 建筑科学，2013，28(12)：94-99.

[88] 刘姝宇，谢祖杨，宋代风.应对城市气候问题的当代德国城市设计——以斯图加特21世纪项目为例[J].新建筑，2018(5):144-149.

[89] 刘姝宇，沈济黄.基于局地环流的城市通风道规划方法——以德国斯图加特市为例[J].浙江大学学报(工学版)，2010，44(10):1985-1991.

[90] Toparlar Y, Blocken B, Maiheu B, et al. The effect of an urban park on the microclimate in its vicinity: A case study for Antwerp, Belgium[J]. International Journal of Climatology, 2017(2):303-322.

[91] Blocken B J E B, Defraeye T W J T, Derome D, et al. High-resolution CFD simulations of forced convective heat transfer coefficients at the facade of a low-rise building[J]. Building and Environment, 2009, 44(12): 2396-2412.

[92] Cheung P K, Jim C Y. Comparing the cooling effects of a tree and a concrete shelter using PET and UTCI[J]. Building and Environment, 2018, 130: 49-61.

[93] Kántor N, Chen L, Gál C V. Human-biometeorological significance of shading in urban public spaces[C]. Summertime measurements in Pécs, Hungary, 2018: 241.

[94] Andreou E. Thermal comfort in outdoor spaces and urban canyon microclimate[J]. Renewable Energy, 2013: 182.

[95] Milošević D D, Bajšanski I V, Savić S M. Influence of changing trees locations on thermal comfort on street parking lot and footways[J]. Urban Forestry & Urban Greening, 2017, 23: 113-124.

[96] Kong L, Lau K K-L, Yuan C, et al. Regulation of outdoor thermal comfort by trees in Hong Kong[J]. Sustainable Cities and Society, 2017, 31: 12-25.

[97] 金云峰，简圣贤. 泪珠公园——不一样的城市住区景观[J]. 风景园林，2011(4)：30-35.

[98] 何疏悦，吴澜，季建乐. 大都市里的自然——纽约Teardrop公园的场地设计和现状分析研究[J]. 现代城市研究，2013(11):42-46，78.

[99] 李翠翠. 微气候对公园空间景观设计影响研究[D]. 大连：大连工业大学，2015.

[100] 胡玉美. 美国当代先锋设计师迈克尔·范·瓦肯伯格景观设计思想研究[D]. 大连：大连工业大学，2015.

[101] Website of CCCB[EB/OL]. https://www.publicspace.org/works/-/project/j075-refurbishment-of-tasinge-square, accessed in 2017.

[102] Website of GHB[EB/OL]. https://www.ghb-landskab.dk/projekter/taasinge-plads, accessed in 2017.

[103] Ghaffarianhoseini A, Berardi U, Ghaffarianhoseini A. Thermal performance characteristics of unshaded courtyards in hot and humid climates[J]. Building and Environment, 2015: 87, 154-168.

[104] Tian W, Wang Y, Xie Y, et al. Effect of building integrated photovoltaics on microclimate of urban canopy layer[J].Building and Environment, 2007, 42(5): 1891-1901.

［105］Yang X, Zhao L, Bruse M, et al. Evaluation of a microclimate model for predicting the thermal behavior of different ground surfaces[J].Building and Environment, 2013, 60: 93-104.

［106］Berardi U, GhaffarianHoseini A H, GhaffarianHoseini A. State-of-the-art analysis of the environmental benefits of green roofs[J].Applied Energy, 2014, 115: 411-428.

［107］Wang Y, Zacharias J. Landscape modification for ambient environmental improvement in central business districts—a case from Beijing[J].Urban Forestry & Urban Greening, 2015, 14(1): 8-18.

［108］张潇潇，周媛.城市公园不同下垫面类型对微气候的影响[J].四川建筑，2016，36(3):100-102.

［109］Brown R D, Gillespie T J. Microclimatic landscape design: creating thermal comfort and energy efficiency[M]. New York: John Wiley & Sons, 1995.

［110］Wang Y, Bakker F, De Groot R, et al. Effects of urban green infrastructure (UGI) on local outdoor microclimate during the growing season[J]. Environmental Monitoring and Assessment, 2015, 187:732.

［111］Morakinyo T E, Dahanayake K W D K C, Adegun O B, et al. Modelling the effect of tree-shading on summer indoor and outdoor thermal condition of two similar buildings in a Nigerian university[J]. Energy & Buildings, 2016, 130: 721-732.

［112］Chatzidimitriou A, Yannas S. Microclimate development in open urban spaces: The influence of form and materials[J]. Energy & Buildings, 2015, 108: 156-174.

［113］Robitu M, Musy M, Inard C, et al. Modeling the influence of vegetation and water pond on urban microclimate[J]. Solar energy, 2006, (4): 435.

［114］Manteghi G, Limit H, Remaz D. Water bodies an urban microclimate: a review[J]. Mordern Applied Science, 2015, 9(6):1913-1884.

［115］Anonymous. S:t Erik's public indoor park lets you play and hang out all year round[EB/OL]. https://plugin-magazine.com/living/st-eriks-public-indoor-park-lets-you-play-and-hang-out-all-year-round. [2017-4-14].

［116］Dimitrova M. S:t Erik's indoor park—a green oasis in Stockholm[EB/OL]. https://www.themayor.eu/en/st-eriks-indoor-park-a-green-oasis-in-stockholm. [2018-1-31].

［117］Steadman R G. The assessment of sultriness. Part II: effects of wind, extra radiation and barometric pressure on apparent temperature[J]. Journal of Applied Meteorology, 1979, 18: 874-885.

［118］Boukhabl M, Alkam D. Impact of vegetation on thermal conditions outside, thermal modeling of urban microclimate, case study: the street of the Republic, Biskra[J].Energy Procedia, 2012, 18: 73-84.

［119］王振.夏热冬冷地区基于城市微气候的街区层峡气候适应性设计策略研究[D].武汉:华中科技大学，2008.

［120］中国空气能网.德国和瑞典经典的空气源热泵采暖系统图及解析[EB/OL]. http://www.chinakqn.com/a/xingyexinwen/xingyexinwen/2015/1124/1781.html. [2015-11-24].

［121］Bosselmann P, Flores J, Gray W, et al. Sun, wind, and comfort: a study of open spaces and sidewalks in four downtown areas[R]. Berkeley: U. C. BERKELEY, 1984.